油气藏地质及开发工程国家重点实验室资助

气井井筒温度压力预测

郭 肖 宋 戈 著

科学出版社
北 京

内 容 简 介

复杂井况气井难以下入测试仪器进行监测，主要通过井筒温度压力模型来模拟气井井筒温度压力分布，传统的稳态井筒温度压力模型难以解决复杂问题，需要建立井筒瞬态温度压力模型进行动态预测。本书内容主要涵盖传热学和热力学相关参数、井筒瞬态温度模型研究、井筒压力模型评价与优选、井筒温度与压力耦合模拟以及高含硫气井井筒压力温度分布等方面，理论与实际相结合，图文并茂，内容翔实。

本书可供油气田开发工程领域技术人员以及相关专业大专院校师生参考使用。

图书在版编目(CIP)数据

气井井筒温度压力预测 / 郭肖著. —北京：科学出版社，
2015.12
　ISBN 978-7-03-046921-2

　Ⅰ.①气… Ⅱ.①郭… Ⅲ.①气井-井筒-温度-预
测②气井-井筒-压力-预测 Ⅳ.①TE37

中国版本图书馆 CIP 数据核字 (2015) 第 309549 号

责任编辑：杨 岭 罗 莉 / 责任校对：王 翔
责任印制：余少力 / 封面设计：墨创文化

科 学 出 版 社 出版
北京东黄城根北街16号
邮政编码：100717
http://www.sciencep.com

四川煤田地质制图印刷厂印刷
科学出版社发行　各地新华书店经销
*

2016年1月第 一 版　开本：787×1092 1/16
2016年1月第一次印刷　印张：9 3/4
字数：228 千字
定价：69.00 元

前　言

气井井筒压力温度动态监测方法通常有两种：一是下入井下压力计与温度计实测压力温度；二是依据井口数据和产出流体性质等相关数据，通过数学模型来计算井筒温度压力分布。由于复杂井况气井难以下入测试仪器进行动态监测，主要通过井筒温度压力模型来模拟气井井筒温度压力分布，传统的稳态井筒温度压力模型难以解决复杂问题，需要建立井筒瞬态温度压力模型进行动态预测。

本书在国内外研究基础上，改进两相管流理论模型，提出新的井筒瞬态温度计算模型，将井筒瞬态温度模型和井筒单相、两相管流压力模型耦合，通过程序计算进行模型对比和实例分析，验证模型正确性和适应性。具体内容主要包括：传热学和热力学相关参数、井筒瞬态温度模型、井筒压力模型评价与优选、井筒温度与压力耦合模拟以及高含硫气井井筒压力温度分布。

本书撰写过程中得到"十三五"国家油气科技重大专项课题"超深层复杂生物礁底水气藏高效开发技术"资助和"高含硫气藏安全高效开发四川省青年科技创新研究团队"（2014TD0009）的支持，本人研究生王彭参与整理稿件与校核工作，在此表示感谢。

笔者希望本书能为油气田开发研究和管理人员、油藏工程师，以及大专院校相关专业师生提供参考。限于编者的水平，本书难免存在不足之处，恳请同行专家和读者批评指正，以便今后不断对其进行完善。

作　者

2015 年 11 月

目　　录

第1章 绪　　论

1.1　问　题　引　出

天然气气藏在我国分布广泛。实现气藏的高效开发，应做好对气藏的动态监测，最基础的是对单井井筒压力、温度数据的监测。获得数据的方法有两种：一是下入井下压力计、温度计实测压力温度分布；二是通过井口数据和产出流体性质等相关数据，通过井筒温度压力模型来计算井筒温度、压力分布。

对高温、高压、高含硫气田的开发，在工艺上普遍存在着难以将压力计下入产层中部的问题，因此通常采用第二个方法来获得井筒数据。但该方法面临着一些问题：在开展常规油气井测试工作时，许多测试资料仅能从井口获取。实践发现，通过井筒稳态温度压力模型处理井口资料，以获得相应的井底资料，从而进行相应的解释评价工作，这种适应于常规油气藏的测试分析方法运用到此处可能会得到异常结果，究其原因是此类测试过程通常都是非稳态的，需要通过井筒瞬态理论进行解释。同时，在现场实践过程中，也发现有一系列异常高压气井出现关井压力异常现象，通过常规井筒稳态温度压力模型无法解释该种现象。

综上可知，井筒瞬态温度压力模型是解决一系列气井井筒复杂问题的根本。本书在前人对井筒瞬态温度压力模型研究的基础上，提出一种新的井筒瞬态温度模型，同时对一个两相管流理论模型做了相应改进，并将井筒瞬态温度模型和井筒单相、两相管流压力模型耦合，通过程序实现其功能，最后进行模型对比验证、敏感性分析和实例应用等相关研究，证明了提出的井筒瞬态温度压力耦合模型具有很高的计算精度和一定的现场适用性。

1.2　国内外研究现状

1.2.1　井筒温度模型研究现状

1. 国外研究现状

最早对井筒温度分布展开学术研究的是 1937 年 Schlumberger M. 等发表的关于井筒流体温度测试的文章，自此许多学者开始了针对井筒温度分布的研究[1]。

1959 年，Carslaw 和 Jaeger 在其专著中介绍了各种条件下固体中的热传导问题的解法，其中详细阐述了关于无限大圆柱形热源在恒定温度、恒定热损失量或辐射边界条件下的热传导模型。该热传导模型为一个一维径向模型，温度仅是径向距离和时间的函数，采用 Laplace 变换消去时间参数，得到原微分方程的 Laplace 空间解。他们的工作为后人进行井筒热传导研究提供了理论基础[2]。

1962 年，Ramey 提出了著名的 Ramey 模型，这是石油行业学术界公认的井筒温度模型的奠基之作。Ramey 以解决向井筒中注入流体的井筒温度剖面为目的，将整个井筒热传导过程分为三个系统，包括：井筒单相流体、井筒和地层。通过假设热量在井筒内传导为稳态过程，在地层内传导为非稳态过程，对井筒流体采用能量守恒、动量守恒方程，从而建立了井筒热传导理论模型。Ramey 在表征井筒稳态传热的过程中，引入了"系统总传热系数"概念，将多个热阻的共同作用效果用一个参数来表示，大大简化了方程的结构。在表征地层非稳态传热过程中，Ramey 在解析解的基础上引入了无因次时间函数 $f(t)$，使得复杂的地层非稳态传热模型变得直观、易于计算；最后通过实例证明了该模型的适用性，并且通过计算表明系统总传热系数在井筒瞬态温度分布计算中的重要性。Ramey 模型是至今运用最为广泛的井筒瞬态温度模型之一[3]。

1965 年，Satter 在研究注蒸汽井的井筒热传导问题时，认为井筒传热系数不能被考虑为常数，同时认为流体性质与温度密切相关，从而提出了一个新的井筒瞬态温度模型[4]。

1966 年，Holst 在对 Ramey 模型、Satter 模型充分肯定的基础上，提出了一种新的井筒瞬态温度模型。该模型与 Ramey 模型相比，主要的不同点在于考虑了流体的摩擦和动能改变项对井筒温度分布的影响，同时考虑系统总传热系数不再是一个常数。而对于地层非稳态导热问题，Holst 沿用了 Ramey 的解法[5]。

1967 年，Willhite 对 Ramey 模型中提出的系统总传热系数进行了详细的讨论，着重讨论了关于辐射换热系数和对流换热系数的估算：辐射换热系数是由 Stefan-Boltzmann 方程以及热辐射百分比系数的公式所决定；对流换热系数是以平行垂直板的自然对流来近似处理平行圆管柱的自然对流[6]。

1980 年，Shiu 和 Beggs 通过对现场 370 口油气井的现场测温资料回归出了松弛距离 A 的统计公式，极大地简化了井筒温度剖面的计算过程，并且易于现场运算。但该模型仅能计算稳态条件下的井筒温度分布，无法运用该模型处理井筒瞬态温度分布问题[7]。

1991 年，Chiu 等针对 Ramey 模型中的无因次时间函数 $f(t)$ 在较短的注入时间内计算误差较大的情况，对 Carslaw 和 Jaeger 提出的相应的热传导解析解重新拟合出新的无因次时间函数 $f(t)$。该无因次时间函数形式较为简洁，且在整个时间范围内具有较高的计算精度[8]。

同年，Sagar 等分析了两相条件下焦耳汤姆逊效应的特征，提出了相关的简化求取方法。Sagar 将井筒温度模型中的焦耳汤姆逊系数与流体内能合并为一项，通过对 392 口井的资料处理，回归出了该合并项的统计公式，以此简化了井筒瞬态温度模型的复杂性，同时也保证了计算的精度[9]。

Hasan 和 Kabir 于 1991 年和 1994 年提出一个新的井筒瞬态温度模型。该模型较 Ramey 模型的不同之处在于：①Hasan 首次将两相流引入井筒温度模型之中，拓宽了井筒温度模型的适用范围；②Hasan 在该模型中提出焦耳汤姆逊效应对井筒温度的影响；③Hasan 就 Ramey 模型的无因次时间函数的局限性，对温度在地层中做非稳态传导的过程进行重新计算，得到新的无因次时间函数 $f(t)$，该函数对无因次时间做了分段处理，从而大大提高了函数的计算精度[10,11]。

1992 年，Alves 等对 Ramey 模型进行了改进，考虑了焦耳汤姆逊效应对能量方程的影响，同时考虑了井斜角、单相流、两相流等的影响，从而建立了一个综合的温度模型。同时，Alves 就两相热容和焦耳汤姆逊系数的计算方法进行了一些简化处理[12]。

2004 年，Hagoort 在没有使用 Ramey 的假设条件的情况下，提出了一个由无因次参数构成的热传导模型，并给出该模型的严格解，并与 Ramey 模型的解进行了对比。同时，Hagoort 在他的论文中也讨论了系统总传热系数对模型的影响情况[13]。

2011 年，Cheng 等认为，Ramey 在进行地层非稳态导热方程建立时没有考虑到井筒热容对温度分布的影响，从而引入了井筒热容以建立新的井筒瞬态温度模型。通过计算，Cheng 认为无因次时间函数 $f(t)$ 实则是井筒热容和无因次时间的函数关系，从而采用该无因次时间函数 $f(t)$ 的井筒瞬态温度模型具有更高的精度。Cheng 针对解析解的复杂性，将该解析解在长时间条件下进行了化简，得到了一个易于求解的无因次时间函数 $f(t)$。同时，在无因次时间小于 0.5 时，Cheng 指出通过化简的无因次时间函数来求取无因次时间仍然具有较大的误差，在无因次时间大于 0.5 时，化简的无因次时间函数具有较高的计算精度，当无因次时间大于 20 时，该函数被再次化简，其形式与 Ramey 所提出的无因次时间函数形式十分类似[14]。

2011 年，Zhang 等研究了在注入、生产制度不断变化条件下的井筒瞬态温度模型。他们首先对比了由 Carslaw 和 Jaeger 于 1959 年、Mishra 和 Guyonnet 于 1992 年分别提出的圆柱形无限大地层的热传导半解析解，考虑了井筒流体在热交换过程中由于温度变化引起的径向热通量变化，通过叠加原理得到了热通量的表达式，并将该理论与TOUGH2 油藏模拟器相耦合，用于预测井筒温度变化情况[15]。

2. 国内研究现状

1994 年，王弥康阐述了现有的几种井筒瞬态温度模型，并对其进行了计算，并与采用严格解的井筒瞬态模型进行了比较，最后推荐采用 Hasan 提出的井筒瞬态温度模型来进行井筒温度分析[16]。

2011 年，杨亚认为，在气井井筒中的温度变化会引起井筒中天然气性质的变化，在基于井筒温度变化对气井不稳定试井的影响情况基础上，建立了考虑井筒温度变化与变井筒存储和表皮系数的均质气藏试井解释数学模型，并进行了敏感性分析和实例分析[17]。

2013 年，杨谋等考虑在钻井过程中钻井液的轴向导热问题，建立了相应的井筒瞬态温度模型，通过有限差分法建立其数值模型；最后通过求解模型，得出了是否考虑钻井液的轴向导热对于井筒温度分布影响不大的认识[18]。

1.2.2　单相流井筒压力模型研究现状

1. 国外研究现状

Reynolds 于 1883 年开展了圆管单相流实验，证实了压降与流速间的相关规律是由黏性流体的流型所制约的，由此提出了一个无量纲参数——雷诺数。雷诺数是惯性力与黏滞力作用的对比关系，是表征流体流动情况的无量纲数，可以通过该无量纲数值来反映流体的流型。Reynolds 通过实验研究，确定了单相流流体雷诺数小于 2300 时流型为层流，大于 2300 时流型为紊流[19]。

对于层流流型和紊流流型下流体流动的摩阻系数的计算，最早是 Nikuradse 在进行相关实验后提出的。实验管道为人工粗糙管，即在圆形管道的内壁，人为地黏贴上分选好的等径砂粒。砂粒的直径稔为管道的绝对粗糙度 D。用不同直径的砂粒黏贴，可以得到不同的绝对粗糙度的人工粗糙管。通过实验测量了摩阻系数随相对粗糙度和雷诺数的变化，并将曲线绘制成 Nikuradse 曲线[20]。

1939 年，Colobrook 提出了比较完善的摩阻系数计算公式，该公式是隐式方程，需要通过迭代计算求解[21]。

1944 年，Moody 绘制了各种自然粗糙管道的摩阻系数曲线。Moody 图与 Nikuradse 图形态相同，但 Moody 图的数据取自真实管道，因此符合实际情况[22]。

1956 年，Cullender 和 Smith 发表数值积分法以计算井筒压力分布，是计算方法的一次里程碑式突破。该方法将气体稳定流动能量方程式中的积分项全部作为变量考虑，采用分段迭代的方法进行求解，以达到更高的计算精度[23]。

1976 年，Jain 发表了计算工业管道摩阻系数 f 的公式，这是一个显式公式，方便计算，并覆盖了 Moody 图上的光滑管区、过渡区和全部完全粗糙区。李士伦[24]在《天然气工程》中对该式进行详细的说明。

2. 国内研究现状

1999 年，毛伟、梁政考虑到井筒温度和井筒压力模型都会调用很多共同的参数，因此提出了井筒温度压力耦合模型。该模型也考虑了气体和油管内壁的摩擦生热问题和气体的焦耳汤姆逊效应问题[25]。

2008 年，朱得利、梅海燕等针对酸性气藏井筒温度压力计算展开了研究。井筒温度模型采用考虑焦耳汤姆逊效应的 Ramey 井筒温度模型，地层非稳态热传导无因次温度函数采用 Hasan 的研究结果；井筒压力模型采用 Culldener-Smith 模型，并结合酸性气体的性质对气体的偏差系数及黏度进行校正[26]。

2010 年，郭肖、杜志敏针对酸性气田的开发问题，分别针对多相管流数学模型、流体相态和元素硫沉积、井筒温度-压力模型的研究进行调研，并提出今后酸性气田井筒温度压力分布预测模型的研究方向[27]。

1.2.3 两相流井筒压力模型研究现状

气液两相流动是指在同一流动体系中，同时存在气相和液相两种流动介质的流动现象，它是多相流动现象中最为常见的类型之一。气液两相管流（即管内气液两相流）在工业过程中更为常见、应用更为广泛，特别是在石油行业中，对气液两相管流问题的研究具有重要意义。总的来讲，对于气液两相井筒压力模型的研究，先后经历了经验模型、理论模型阶段，现一一介绍。

1. 经验模型研究现状

1963 年，Duns 和 Ros 根据实验室模拟数据，结合现场数据进行修正后，提出一个可以预测气液两相管流的压力模型，通过研究将流型图划分为三个区域，并以无因次气相速度数、液相速度数、管径数和液相黏度数四个无因次量来划分流型。虽然该模型是基于不含水的气、油混合液体所归纳出的，但部分情况下也可用于含水的气油混合管流压降计算[28]。

1965 年，Hagendorn 和 Brown 提出了气液两相管流的压力模型，该模型的核心是解决气液混合物摩阻系数和持液率问题。对于气液混合物摩阻系数，通过结合雷诺数和 Moody 图版进行计算；对于持液率，Hagendorn 和 Brown 通过实验数据建立了三条与持液率相关的曲线，通过适当的无因次参数辅助计算。该模型虽是建立在较多实验数据的基础上，但其计算精度可靠[29]。

1967 年，Orkiszewski 在对比前人提出的两相流压降模型的基础上，结合现场的 148 口油井的实际数据对这些压降模型进行了综合评判，提出了一种新的压降计算方法。该方法首先通过无因次量来划分管流的流动型态，不同流型下采用不同的压降模型做相关计算。Orkiszewski 提出的按流型划分以计算井筒压降的方法是建立在统计基础上的，但也具有很高的计算精度[30]。

1973 年，Beggs 和 Brill 将空气和水混合物在长度为 15m 的倾斜透明管中进行大量的实验，总结出气液两相倾斜管流的摩阻系数和持液率的求取方法，从而得到一个适用于气液两相倾斜管流压降模型[31]。

1978 年，Shell Group of Companies 的工程师 Gray 针对凝析气垂直管流问题进行研究。该模型考虑管流流体为单相气流，气体中的冷凝水和凝析油附着在管壁上，并引入四个无因次参数。虽然该模型的各项经验参数是根据对凝析气井数据拟合而得，但同样可以将该模型运用到垂直、倾斜多相流井筒压降计算之中[32]。

1985 年，Mukherjee 和 Brill 等提出了针对井筒压降模型、持液率计算和流型判断的经验公式。他们的模型是基于倾斜两相管流实验数据而得到的，也可以运用到垂直两相管流之中。对于泡流和段塞流流型，压降模型中的混合摩阻系数是通过 Moody 曲线计算出的无滑移摩阻系数来表征的；对于下坡管道分层流动流型，则是考虑气、液两相具有光滑界面，对该两相分别采用动量守恒方程进行计算；对于环雾流，则是考虑混合摩阻系数是持液率和无滑移 Moody 摩阻系数的函数关系[33,34]。

2005 年，李媚等提出凝析气井筒动态分析方法，对于高气液比条件采用修正的 Cullender-Smith 模型计算井筒压降，对于低气液比条件采用 Beggs 和 Brill 模型计算井筒压降，并运用相态方程对井筒流体做相平衡热力学闪蒸计算，大大提高了低气液比井筒压力计算的精度[35]。

2010 年，张仕强等针对出水气藏井筒气液两相流压降问题进行了研究，对比了五种常用的两相流压降模型，发现不同模型计算出的井筒压力分布差异很大。总体而言，对于低气液比条件，采用 Hagedorn-Brwon 模型具有较高的计算精度，而对于高气液比条件，宜采用 Mukherjee-Brill 模型进行井筒压降计算[36]。

2. 理论模型研究现状

1972 年，Aziz 等从理论出发，提出了基于流型判断基础上的井筒压降模型、持液率计算的理论模型。该方法对 Govier 提出的流型图做了相应修改，采用五个无因次量来控制划分流型，并从理论角度推导了在泡状流和段塞流流型下的持气率计算方法，给出了相应的摩阻系数计算方法，对其他流型的持气率和摩阻系数则采用 Duns-Ros 方法进行计算[37]。

1986 年，Kabir 和 Hasan 从 Taitel 等提出的气液两相流动流型过渡机理出发，针对垂直两相管流展开了研究。他们将两相管流流型划分为泡状流、段塞-搅动流和环形流三种，并按流型分别提出了持气率计算公式和摩阻系数计算公式，从而按流型计算其压降[38,39]。

1987 年，Barnea 研究了任意倾角条件下的气液两相管流流型转换条件，针对不同的流型，Barnea 融合、优选了相关的流型形成机理，从而提出了一种用于判断气液两相管流流型的综合模型。Barnea 所做的研究为后续研究者提供了借鉴思路[40]。

1990 年，Ansari 等在 Tailet 等的研究基础上，将向上任意倾角气液两相管流流型划分为泡状流、分散泡状流、段塞流-搅动流和环状流四种，并在 Barnea 等的流型过渡理论上，建立了以上四种流型的转换条件，并给出不同流型下的持气率、摩阻系数计算方法及相应的井筒压降计算模型。同时，Ansari 将该模型与六个常用的井筒压力经验模型做了相关对比，证明提出的理论模型具有较高的计算精度。但该模型不能很好地处理搅动流流型下的相关持气率计算、摩阻计算以及压降模型问题[41]。

2000 年，Gomez 等建立了一个水平/垂直两相流的完整理论模型，该理论模型可以解决水平/垂直两相流的流型划分、持液率计算和压降计算问题。Gomez 将整个两相流流型划分为了分层流、段塞流、环形流、搅动流、分散泡状流和泡流 6 种，其中关于流型预测采用 Barnea 提出的理论，并提出消除流型转换不连续现象的方法。对分层流压降模型，采用 Taitel-Dukler 模型，并对液相摩阻系数和气液界面摩阻系数做了相关修正；对段塞流压降模型，采用的是 Taitel-Barnea 模型；对环形流压降模型，则是对适用于垂直和大斜度管流的 Alves 模型做了扩展使用；对泡流压降模型，采用 Hansan-Kabir 模型。可以说，Gomez 提出的模型是在优选、修正前人的两相流模型基础上得到的，具有很强的理论性和计算精度[42]。

2005 年，Shi 等采用漂移流模型来处理井筒两相、三相流井筒温度压力分布问题。相对于常规的温度模型而言，该模型具有连续、可微、易于快速求解的优点。同时，Shi 也指出模型参数具有一定的使用范围[43]。

2007 年，Hasan 和 Kabir 通过对 Ansair 模型的计算，发现采用该模型计算的液膜厚度通常较小，这就导致采用 Ansair 模型计算两相流井筒压力分布具有较大误差。Hasan 主要从液膜厚度和摩阻系数确定两个方面入手，建立了一个均相的两相环形流压力模型。虽然该模型并没有像其他模型一样通过复杂的流型划分后进行压降求解，但通过计算验证，该模型的计算精度与复杂的理论模型的计算精度相当[44]。

2008 年，梁毅、刘启国等针对目前水平管与倾斜管中段塞流特性的研究进展进行总结与分析，并提出了以后研究的方向[45]。

2010 年，Hasan 等以漂移流理论为基础，建立了一个简化的两相流模型，将气液两相管流划分为泡状流、段塞流、搅动流和环状流四种流型；引入考虑井斜、气液相对流动方向和流动通道几何形状的修正因子，并在段塞流和搅动流中引入平滑参数以增加计算的平滑性；最后与常用的经验模型进行对比验证[46]。

2014 年，Bhagwat 和 Ghajar 针对一个广泛的气液两相流参数域建立了一个不基于流型判断而计算持气率的气液两相漂移流模型，对提出的多种漂移流模型在广泛的数据基础上通过计算证明了该模型用于计算持气率的精确性[47]。

参 考 文 献

[1] Schlumberger M，Perebinossoff A A，Doll H G. Temperature measurements in oil wells[J]. Journal of Petroleum Technologists，1937，23：159.

[2] Carslaw H S，Jaeger J C. Conduction of Heat in Solids[M]. Oxford：Clarendon Press，1959：327－353.

[3] Ramey H J. Wellbore heat transmission[J]. Journal of Petroleum Technology，1962，14(04)：427－435.

[4] Satter A. Heat losses during flow of steam down a wellbore[J]. Journal of Petroleum Technology，1965，17(07)：845－851.

[5] Holst P H，Flock D L. Wellbore behaviour during saturated steam injection[J]. Journal of Canadian Petroleum Technology，1966，5(04)：184－193.

[6] Willhite G P. Over-all heat transfer coefficients in steam and hot water injection wells[J]. Journal of Petroleum Technology，1967，19(05)：607－615.

[7] Shiu K C，Beggs H D. Predicting temperatures in flowing oil wells[J]. Journal of Energy Resources Technology，1980，102(1)：2－11.

[8] Chiu K，Thakur S C. Modeling of wellbore heat losses in directional wells under changing injection conditions[J]. SPE Annual Technical Conference and Exhibition，1991，350：1.

[9] Sagar R，Doty D R，Schmidt Z. Predicting temperature profiles in a flowing well[J]. SPE Production Engineering，1991，6(4)：441－448.

[10] Hasan A R，Kabir C S. Heat transfer during two-Phase flow in Wellbores：Part I—formation temperature[C]. SPE Annual Technical Conference and Exhibition. Society of Petroleum Engineers，1991：469－478.

[11] Hasan A R，Kabir C S. Aspects of wellbore heat transfer during two-phase flow (includes associated papers 30226 and 30970)[J]. SPE Production & Facilities，1994，9(03)：211－216.

[12] Alves I N，Alhanati F J S，Shoham O. A unified model for predicting flowing temperature distribution in wellbores and pipelines[J]. SPE Production Engineering，1992，7(4)：363－367.

[13] Hagoort J. Ramey's wellbore heat transmission revisited[J]. SPE Journal，2004，9(04)：465－474.

[14] Cheng W L，Huang Y H，Lu D T，et al. A novel analytical transient heat-conduction time function for heat transfer in steam injection wells considering the wellbore heat capacity[J]. Energy，2011，36(7)：4080－4088.

[15] Zhang Y，Pan L，Pruess K，et al. A time-convolution approach for modeling heat exchange between a wellbore and surrounding formation[J]. Geothermics，2011，40(4)：261－266.

[16] 王弥康. 注蒸汽井井筒热传递的定量计算[J]. 石油大学学报：自然科学版，1994，18(4)：77－82.

[17] 杨亚. 考虑井筒温度变化的气井不稳定试井[D]. 中国石油大学，2011：9－21.

[18] 杨谋，孟英峰，李皋，等. 钻井液径向温度梯度与轴向导热对井筒温度分布影响[J]. 物理学报，2013，62(7)：1－10.

[19] Reynolds O. An experimental investigation of the circumstances which determine whether the motion of water shall

be direct or sinuous, and of the law of resistance in parallel channels[J]. Proceedings of the royal society of London, 1883, 35(224—226): 84—99.

[20] Nikuradse J. StrömungsgestzeinrauhenRohren[J]. Journal of Applied Mathematics and Mechanics, 1931, 11(6): 409—411.

[21] Colebrook C F. Turbulent Flow in Pipes, with particular reference to the Transition Region between the Smooth and Rough Pipe Laws[J]. Journal of the ICE, 1939, 11(4): 133—156.

[22] Moody L F. Friction factors for pipe flow[J]. Trans. Asme, 1944, 66(8): 671—684.

[23] Cullender M H, Smith R V. Practical solution of gas-flow equations for wells and pipelines with large temperature gradients[J]. Petroleum Transactions, AIME, 1956(207): 281—287.

[24] 李士伦. 天然气工程[M]. 北京: 石油工业出版社, 2008: 110—112.

[25] 毛伟, 梁政. 气井井筒压力, 温度耦合分析[J]. 天然气工业, 1999, 19(6): 66—69.

[26] 朱得利, 梅海燕, 张茂林, 等. 酸性气藏井筒温度压力计算[J]. 天然气勘探与开发, 2008, 31(3): 42—45.

[27] 郭肖, 杜志敏. 酸性气井井筒压力温度分布预测模型研究进展[J]. 西南石油大学学报, 2010, 32(005): 91—95.

[28] Duns H, Ros N C J. Vertical flow of gas and liquid mixtures in wells[C]. 6th World Petroleum Congress. World Petroleum Congress, 1963: 451—465.

[29] Hagedorn A R, Brown K E. Experimental study of pressure gradients occurring during continuous two-phase flow in small-diameter vertical conduits[J]. Journal of Petroleum Technology, 1965, 17(04): 475—484.

[30] Orkiszewski J. Predicting two-phase pressure drops in vertical pipe[J]. Journal of Petroleum Technology, 1967, 19(06): 829—838.

[31] Beggs D H, Brill J P. A study of two-phase flow in inclined pipes[J]. Journal of Petroleum Technology, 1973, 25(05): 607—617.

[32] Schlumberger. Pipesim 2009 Help Text[CP/DK], 2009.

[33] Mukherjee H, Brill J P. Pressure drop correlations for inclined two-phase flow[J]. Journal of Energy Resources Technology, 1985, 107(4): 549—554.

[34] Mukherjee H, Brill J P. Empirical equations to predict flow patterns in two-phase inclined flow[J]. International Journal of Multiphase Flow, 1985, 11(3): 299—315.

[35] 李媚, 常志强, 孙雷, 等. 凝析气井井筒动态分析方法及软件研制[J]. 天然气工业, 2005, 25(7): 92—95.

[36] 张仕强, 李祖友, 周兴付. 深层产水气井井筒压力预测研究[J]. 钻采工艺, 2010, 33(4): 28—31.

[37] Aziz K, Govier G W. Pressure drop in wells producing oil and gas[J]. Journal of Canadian Petroleum Technology, 1972, 11(03): 38—48.

[38] Kabir C S, Hasan A R. A study of multiphase flow behavior in vertical oil wells: part II-field application[C]. SPE California Regional Meeting. Society of Petroleum Engineers, 1986: 479—487.

[39] Taitel Y, Dukler A E. A model for predicting flow regime transitions in horizontal and near horizontal gas - liquid flow[J]. AIChE Journal, 1976, 22(1): 47—55.

[40] Barnea D. A unified model for predicting flow-pattern transitions for the whole range of pipe inclinations[J]. International Journal of Multiphase Flow, 1987, 13(1): 1—12.

[41] Ansari A M, Sylvester N D, Shoham O, et al. A comprehensive mechanistic model for upward two-phase flow in wellbores[C]. SPE Annual Technical Conference and Exhibition. Society of Petroleum Engineers, 1990: 143—152.

[42] Gomez L E, Shoham O, Schmidt Z, et al. Unified mechanistic model for steady-state two-phase flow: horizontal to vertical upward flow[J]. SPE journal, 2000, 5(03): 339—350.

[43] Shi H, Holmes J A, Durlofsky L J, et al. Drift-flux modeling of two-phase flow in wellbores[J]. Spe Journal, 2005, 10(01): 24—33.

[44] Hasan A R, Kabir C S. A simple model for annular two-phase flow in wellbores[J]. SPE Production & Operations, 2007, 22(02): 168—175.

[45] 梁毅，刘启国，钟英. 水平管与倾斜管中段塞流的特性研究现状[J]. 内蒙古石油化工，2008 (2)：4—6.

[46] Hasan A R, Kabir C S, Sayarpour M. Simplified two-phase flow modeling in wellbores[J]. Journal of Petroleum Science and Engineering，2010，72(1)：42—49.

[47] Bhagwat S M, Ghajar A J. A flow pattern independent drift flux model based void fraction correlation for a wide range of gas-liquid two phase flow[J]. International Journal of Multiphase Flow，2014，59：186—205.

第 2 章　传热学和热力学相关参数

进行井筒传热学相关研究，首先需要研究在传热过程中传热介质的热物理性质。在井筒传热过程中，传热介质包括：油管内流体、油管、环空流体、套管、水泥环以及地层岩石等。热物理性质包括：比热容、导热系数、热扩散系数等。

2.1　固体热物理性质

2.1.1　岩石比热

单位质量的物体在某一过程中温度升高 1K(1℃)所吸收的热量，称作该物体在该过程中的比热容。相同质量的不同物体，升高 1K(1℃)所需要的热量不同，比热容便是表示物体吸收热量后温度升高的热物性参数。

针对物体吸收热量时的状态不同，比热容可分为比定压热容 c_p 和比定容热容 c_V。在工程运用中，通常采用的是比定压热容 c_p，其定义式如下：

$$c_p = \frac{dQ}{m\,dT} \tag{2-1}$$

式中，c_p——比定压热容($J \cdot kg^{-1} \cdot K^{-1}$)；

　　　dQ——物体温度升高所吸收的热量(J)；

　　　m——物体的质量(kg)；

　　　dT——物体升高的温度(K)。

表 2-1 是各种岩石在常温下的定压比热值。

表 2-1　各种岩石在常温下的比定压热容(单位：$J \cdot m^{-3} \cdot K^{-1}$)

岩石矿物	比热容	岩石矿物	比热容	岩石矿物	比热容
黄铁矿	0.54	玄武岩	0.63~0.89	石灰岩	0.88~1.04
云母	0.87	辉长岩	0.172	硅岩	0.22
硫磺	0.72~0.74	片麻岩	0.174	大理石	0.42
泥岩	00	花岗岩	0.55~0.79	砂岩	0.84
细砂岩	0.95	辉绿岩	0.17	蛇纹岩	0.95

2.1.2　固体导热系数

温度沿法线单位长度下降 1K(1℃)时单位时间内从单位面积传过的热量即为导热系数，其定义式如下：

$$\lambda = \frac{L}{S\tau} \frac{\mathrm{d}Q}{\mathrm{d}T} \tag{2-2}$$

式中，λ——导热系数（W·m^{-1}·K^{-1}）；

$\quad\quad$ L——热流通过的沿法线方向的单位长度（m）；

$\quad\quad$ S——热流通过的面积（m^2）；

$\quad\quad$ τ——时间（s）。

$\quad$一般而言，岩石密度越大，岩石的导热系数也更大。不同地质年代的岩层密度与其导热系数如表 2-2 所示。

表 2-2　不同地质年代的岩层密度与其导热系数

地质年代	岩石密度/(g·cm^{-3})	导热系数/(W·m^{-1}·K^{-1})
古近—新近系	2.48±0.06	2.026±0.791
白垩系	2.56±0.06	2.160±0.314
侏罗系	2.62±0.09	2.738±0.574
三叠系	2.38±0.17	2.780±0.444
石炭系	2.68±0.10	3.090±0.854

2.1.3　热扩散系数

$\quad$物体传播温度变化的能力通过热扩散系数表征，也称导温系数，由下式给定：

$$a = \frac{\lambda}{\rho c} \tag{2-3}$$

式中，a——物体的热扩散系数（m^2/s）；

$\quad\quad$ ρ——物体的密度（kg/m^3）；

$\quad\quad$ c——物体的比热容，通常用比定压热容 c_p（J·kg^{-1}·K^{-1}）。

$\quad$表 2-3 为岩石在常温下的热扩散系数。

表 2-3　常温下岩石导温系数（单位：m^2/h）

岩石名称	砂岩	页岩	石灰岩	片麻岩	闪绿岩	花岗岩	绿泥石岩	低品位含铜硫矿岩	煤
扩散系数	3.6～5.4	1.4～3.2	2.9～4.7	4.3	4.3	3.2～4.7	4.0～5.4	6.1	0.8～1.0

2.2　流体热物理性质

2.2.1　流体比热

$\quad$比定压热容对于计算流体比焓具有重要意义，以往均是假设该值为定值，实际上比定压热容与温度、压力相关，在此研究不同流体的比定压热容表达式。各流体比定压热容取自于《实用热物理性质手册》，通过线性回归手段得到其表达式。

1. 纯流体比热容

1）甲烷

甲烷在不同温度、压力（仅列出适合于石油天然气开采现场的温度、压力范围，下同）下的比定压热容实验数据及拟合结果、误差分析如下所述（表2-4）。

拟合公式：

$$c_{p,CH_4} = 388.7508 \times p^{0.0625} \times T^{0.3087} \tag{2-4}$$

表2-4　甲烷的比定压热容实验数据及拟合误差分析表

压力/MPa	温度/K	比定压热容/ (J·kg^{-1}·K^{-1})	计算比定压热容/ (J·kg^{-1}·K^{-1})	相对误差/%
2.5	323.15	2403.50	2450.76	1.97
2.5	373.15	2524.72	2562.07	1.48
2.5	423.15	2675.20	2663.50	−0.44
2.5	473.15	2842.40	2756.94	−3.01
5	323.15	2562.34	2559.19	−0.12
5	373.15	2608.32	2675.43	2.57
5	423.15	2737.90	2781.34	1.59
5	473.15	2884.20	2878.92	−0.18
10	323.15	2850.76	2672.42	−6.26
10	373.15	2775.52	2793.80	0.66
10	423.15	2850.76	2904.40	1.88
10	473.15	2967.80	3006.29	1.30
20	373.15	3231.14	2917.40	−9.71
20	423.15	3059.76	3032.90	−0.88
20	473.15	3114.10	3139.30	0.81
30	373.15	2662.66	2992.23	12.38
30	423.15	3180.98	3110.68	−2.21
30	473.15	3218.60	3219.82	0.04
50	473.15	3302.20	3324.21	0.67
70	673.15	3820.52	3785.19	−0.92
小计	平均|相对误差|/%			2.45

由表2-4可知，该拟合公式适用范围为2.5～70MPa、50～200℃，平均相对误差2.45%，可以满足工程计算的需要。

2）乙烷

乙烷在不同温度下的比定压热容实验数据及误差分析如表2-5所示，拟合结果如下。

拟合公式：

$$c_{p,C_2H_6} = 276 + 5.4224T - 0.0016T^2 \tag{2-5}$$

由表 2-5 可知，该拟合公式适用范围为 0~500℃，平均相对误差 -0.25%，可以满足工程计算的需要。

表 2-5　乙烷的比定压热容实验数据及拟合误差分析表

温度/K	比定压热容/$(J \cdot kg^{-1} \cdot K^{-1})$	计算比定压热容/$(J \cdot kg^{-1} \cdot K^{-1})$	相对误差/%
273.15	1645.99	1639.16	-0.41
373.15	2066.06	2078.88	0.62
473.15	2488.23	2486.87	-0.05
573.15	2867.71	2863.15	-0.16
673.15	3211.64	3207.70	-0.12
773.15	3516.65	3520.52	0.11
小计	平均|相对误差|/%		0.25

3）丙烷

丙烷在不同温度下的比定压热容实验数据及拟合结果、误差分析如下所述（表 2-6）。

拟合公式：

$$c_{p,C_3H_8} = -0.7392 + 1.5135T - 0.0006T^2 \tag{2-6}$$

表 2-6　乙烷的比定压热容实验数据及拟合误差分析表

温度/K	比定压热容/$(J \cdot kg^{-1} \cdot K^{-1})$	计算比定压热容/$(J \cdot kg^{-1} \cdot K^{-1})$	相对误差/%
273.15	370.10	369.49	-0.17
373.15	481.70	483.43	0.36
473.15	587.10	585.80	-0.22
573.15	677.00	676.60	-0.06
673.15	755.00	755.82	0.11
773.15	823.70	823.46	-0.03
小计	平均|相对误差|/%		0.16

由表 2-6 可知，该拟合公式适用范围为 0~500℃。平均相对误差 0.16%，可以满足工程计算的需要。

4）其他微量气体

通过查找相关资料，下面给出常用微量气体的比定压热容表达式[1]。

氢气的比定压热容：

$$c_{p,H_2} = 8438.2912 \times p^{0.0091} \times T^{0.0906} \tag{2-7}$$

氮气的比定压热容：

$$c_{p,N_2} = 8417.8314 \times p^{0.0081} \times T^{0.0470} \tag{2-8}$$

二氧化碳的比定压热容：

$$c_{\mathrm{p,CO_2}} = 292.5202 \times p^{0.0319} \times T^{0.2049} \tag{2-9}$$

硫化氢的比定压热容：

$$c_{\mathrm{p,H_2S}} = 26.71 + 0.02387 \times T - 5.063 \times 10^{-6} \times T^2 \tag{2-10}$$

氦气的比定压热容受温度影响很小，可近似取值为 $5.192 \times 10^3 \mathrm{J \cdot kg^{-1} \cdot K^{-1}}$。

2. 混合流体比热容

在油气开采过程中，产出流体是多种纯流体的混合产物，按摩尔分数加权求其混合流体比热容。

$$c_{\mathrm{pm}} = \sum_B y(B) c_{\mathrm{p}}(B) \tag{2-11}$$

式中，c_{pm}——混合流体比热容($\mathrm{J \cdot kg^{-1} \cdot K^{-1}}$)；

  $y(B)$——各项组分的摩尔组成，无量纲；

  $c_{\mathrm{p}}(B)$——各项组分的比热容($\mathrm{J \cdot kg^{-1} \cdot K^{-1}}$)。

2.2.2 流体导热系数

1. 纯流体导热系数

气体导热系数与温度和压力密切相关，但这方面的实验数据较少。通过拟合马庆芳《实用热物理性质手册》所列的各流体导热系数实验数据，本书得出其拟合相关式如下。

(1)甲烷的导热系数：

$$\lambda_{\mathrm{CH_4}} = -0.0086 + 0.0001T \tag{2-12}$$

(2)乙烷的导热系数：

$$\lambda_{\mathrm{C_2H_6}} = -0.0142 + 0.0001T \tag{2-13}$$

(3)丙烷的导热系数：

$$\lambda_{\mathrm{C_3H_8}} = -0.0246 + 0.0001T \tag{2-14}$$

(4)氢气的导热系数：

$$\lambda_{\mathrm{H_2}} = 0.0472 + 0.0005T \tag{2-15}$$

(5)氮气的导热系数：

$$\lambda_{\mathrm{N_2}} = 0.0537 + 0.0007T \tag{2-16}$$

(6)二氧化碳的导热系数：

$$\lambda_{\mathrm{CO_2}} = -0.0091 + 0.00008T \tag{2-17}$$

(7)氦气的导热系数：

$$\lambda_{\mathrm{H_e}} = 0.0481 + 0.0003T \tag{2-18}$$

此外，硫化氢的导热系数实验值鲜见发表，取定值为 $0.0013\mathrm{W \cdot m^{-1} \cdot K^{-1}}$。

2. 混合流体导热系数

混合流体的导热系数计算方法同混合流体比热容方法相同，即通过摩尔分数加权求混合流体的导热系数。

$$\lambda_{\mathrm{m}} = \sum_{B} y(B)\lambda(B) \tag{2-19}$$

式中，λ_{m}——混合流体导热系数（$\mathrm{W \cdot m^{-1} \cdot K^{-1}}$）；

　　　$\lambda(B)$——各项组分的导热系数（$\mathrm{W \cdot m^{-1} \cdot K^{-1}}$）。

2.2.3　焦耳-汤姆逊系数

焦耳-汤姆逊效应是指在等焓条件的节流膨胀过程中，气体由于压力降低而导致的温度变化。针对一定状态下的某真实气体而言，有

$$\alpha_{\mathrm{H}} = \left(\frac{\partial T}{\partial p}\right)_h \tag{2-20}$$

式中，α_{H}——焦耳-汤姆逊系数（$\mathrm{K/Pa}$）。

结合热力学理论，式（2-20）可化为

$$\alpha_{\mathrm{H}} = \frac{1}{c_p}\left[T\left(\frac{\partial T}{\partial p}\right)_p + V\right] \tag{2-21}$$

式中，V——气体的体积（$\mathrm{m^3}$）。

通过状态方程 $pV=ZRT$ 来描述真实气体的压力、温度之间的关系，由方程可以看出体积 V 是温度 T 和压缩因子 Z 的函数，故

$$\frac{\partial V}{\partial T} = \frac{\partial}{\partial T}\left(\frac{ZRT}{p}\right) = \frac{ZR}{p} + \frac{ZRT}{p}\left(\frac{\partial Z}{\partial T}\right)_p \tag{2-22}$$

代入式（2-21）中，有

$$\alpha_{\mathrm{H}} = \frac{RT^2}{c_p p}\left(\frac{\partial Z}{\partial T}\right)_p \tag{2-23}$$

其中，偏差因子 Z 对 T 的偏导数可以通过状态方程求解。在此，通过 PR 状态方程并结合文献资料，求取焦耳-汤姆逊系数公式如下[2]：

$$\alpha_{\mathrm{H}} = \frac{R}{C_p}\frac{(2r_A - r_B T_f - 2r_B B T_f)Z - (2r_A B + r_B A T_f)}{[3Z^2 - 2(1-B)Z + (A - 2B - 3B^2)]T_f} \tag{2-24}$$

其中：

$$A = \frac{r_A p}{R^2 T_f^2} \tag{2-25}$$

$$B = \frac{r_B p}{RT_f} \tag{2-26}$$

$$r_A = \frac{0.457235\alpha_i R^2 T_{pci}^2}{p_{pci}} \tag{2-27}$$

$$r_B = \frac{0.077796RT_{pci}}{p_{pci}} \tag{2-28}$$

$$\alpha_i = \left[1 + m_i(1 - T_{pri}^{0.5})\right]^2 \tag{2-29}$$

$$m_i = 0.3746 + 1.5423\omega_i - 0.2699\omega_i^2 \tag{2-30}$$

式中，T_{pci}——组分 i 的临界温度（K）；

T_{pri}——组分 i 的对比温度(K);

p_{pci}——组分 i 的临界压力(MPa);

ω_i——组分 i 的偏心因子,无量纲。

2.3 固体、流体相互作用热物理性质

2.3.1 对流换热系数

对流换热是指气体与固体壁面接触时产生的热量在气体与固体壁面之间产生交换的一种传热过程,由牛顿冷却定律表征:

$$\Phi_c = h_c A \Delta t \tag{2-31}$$

式中,Φ_c——对流换热热量(W);

h_c——对流换热系数(W·m^{-1}·K^{-1});

Δt——流体与固体壁面温差(K)。

对流换热是一个复杂的传热过程,很多因素对对流换热效果都有影响。按引起对流换热的流动起因,可以将对流换热分为自然对流和强制对流两类。

自然对流是指在没有泵、风机等外力作用下,由于温度场的温度梯度而产生流体密度差,从而引起的流体自发的流动。例如针对油套环空中下有封隔器的油气井,环空气体是封闭的,由于油管流体纵向上有温差,导致环空内气体密度产生差异,从而产生环空流体产生对流,该过程即是自然对流。

强制对流是指流体在压差作用下产生的宏观流动,从而引起的流体与固体壁面的对流换热,例如流体在井筒内的流动而产生的传热即是强制对流换热。

在工程领域通常采用关联式法来计算对流换热系数,下面分别介绍自然对流换热系数和强迫对流换热系数的计算方法。

1.对流换热相关准则数

在以关联式表征对流换热的工程运用中,通常需要运用以下 4 个准则数,分别为雷诺(准则)数、普朗特(准则)数、努赛尔(准则)数、格拉晓夫(准则)数。

雷诺数:$Re = \rho u L / \mu$,表征流体流动时惯性力与黏滞力的相对大小,雷诺数越大,惯性力越强,则流动越剧烈,流型越趋于紊流状态。

普朗特数:$Pr = \mu / (\alpha \rho)$,表征流体动量传递能力与热量传递能力的相对大小,普朗特数越大,则流动边界层相对温度边界层越大。

努赛尔数:$Nu = h_c L / \lambda$,是直接表征对流换热强度大小的准则数。

格拉晓夫数:$Gr = L^3 \rho^2 \beta (Ts - T_\infty) g / \mu^2$,表征自然对流状态下浮升力与黏性力相对大小。

雷诺数、努赛尔数和格拉晓夫数均涉及"特征尺度 L",流体在管内流动时该特征尺度取为管内径,流体在环空内流动时按下式计算特征尺度:

$$L = \frac{4A}{P} \tag{2-32}$$

式中，A——流动截面面积(m^2)；

　　　P——流体润湿的流道周长，即环空的内外环周长(m)。

2. 自然对流换热关联式

到目前为止，关于油套环空间的自然对流换热的关联式未见发表，因此通常采用 Dropkin 和 Sommerscales 提出的关于垂直平板间的自然对流换热系数关系式来近似计算油套环空间的自然对流换热系数[3]。

$$Nu_f = 0.049 (Gr_f Pr_f)^{1/3} Pr_f^{0.074} \tag{2-33}$$

该关联式的参数适用范围为：$Gr_f Re_f = 5 \times 10^4 \sim 2.5 \times 10^8$。

3. 强制对流换热关联式

强制对流换热关联式按流体的流动流型进行划分，不同流型下的计算关联式不同。下面分别介绍在层流、紊流和过渡流状态下的强制对流换热系数计算方法。

1）层流状态

在层流条件下，可以采用希德和泰特实验关联式[4]：

$$Nu_f = 1.86 Re_f^{1/3} Pr_f^{1/3} \left(\frac{d}{L}\right)^{1/3} \left(\frac{\mu_f}{\mu_w}\right)^{0.14} \tag{2-34}$$

该关联式的参数适用范围为：$Pr = 0.5 \sim 16700$，$\mu_f / \mu_w = 0.044 \sim 9.75$，$Re_f Pr_f d/L > 10$。

当 $Re_f Pr_f d/L < 10$ 时，则采用下式计算：

$$Nu_f = 3.66 + \frac{0.0668 Re Pr \dfrac{d}{L}}{1 + 0.04 \left(Re Pr \dfrac{d}{L}\right)^{2/3}} \left(\frac{\mu_f}{\mu_w}\right)^{0.14} \tag{2-35}$$

2）紊流状态

当流体雷诺数 Re_f 大于 10^4 时，流体流型呈充分发展的紊流状态，通常采用以下关联式求解在紊流条件下的强制对流换热系数。

（1）希德-泰特关联式：

$$Nu_f = 0.027 Re_f^{0.8} Pr_f^{1/3} \left(\frac{\mu_f}{\mu_w}\right)^{0.14} \tag{2-36}$$

该关联式的参数适用范围为：$L/d \geqslant 60$，$Pr_f = 0.7 \sim 16700$，$Re_f > 10^4$。

（2）米海耶夫关联式：

$$Nu_f = 0.02 Re_f^{0.8} Pr_f^{0.43} \left(\frac{Pr_f}{Pr_w}\right)^{0.25} \tag{2-37}$$

该关联式的参数适用范围为：$L/d \geqslant 50$，$Pr_f = 0.6 \sim 700$，$Re_f = 10^4 \sim 1.75 \times 10^6$。

（3）格尼林斯基关联式：

对气体，有

$$Nu_f = 0.0214(Re_f^{0.8} - 100)Pr_f^{0.4}\left[1 + \left(\frac{d}{L}\right)^{2/3}\right]\left(\frac{T_f}{T_w}\right)^{0.45} \quad (2\text{-}38)$$

该关联式的参数适用范围为：$Pr_f=0.6\sim1.5$，$Re_f=2300\sim10^6$，$T_f/T_w=0.5\sim1.5$。

对液体，有

$$Nu_f = 0.012(Re_f^{0.87} - 280)Pr_f^{0.4}\left[1 + \left(\frac{d}{L}\right)^{2/3}\right]\left(\frac{Pr_f}{Pr_w}\right)^{0.11} \quad (2\text{-}39)$$

该关联式的参数适用范围为：$Pr_f=1.5\sim500$，$Re_f=2300\sim10^6$，$Pr_f/Pr_w=0.02\sim20$。

3）过渡流状态

过渡流状态下的管流是不稳定的，难以得到满足该状态下的强制对流换热系数计算关联式，通常采用的是适用于紊流条件下的格尼林斯基关联式或豪森关联式。豪森关联式如下：

$$Nu_f = 0.116(Re_f^{2/3} - 125)Pr_f^{1/3}\left[1 + \left(\frac{d}{L}\right)^{2/3}\right]\left(\frac{\mu_f}{\mu_w}\right)^{0.14} \quad (2\text{-}40)$$

该关联式的参数适用范围为：$Re_f=2300\sim10^4$。

2.3.2 辐射传热系数

辐射是物体以电磁波的形式将热量向外界散发的能量传递过程。就通常情况而言，在有气体参与的对流换热过程中总会伴随有辐射传热过程。通常以类似于对流换热的表达形式来表征辐射传热过程，即在辐射传热过程中，辐射传热热量为

$$\Phi_r = h_r A \Delta t \quad (2\text{-}41)$$

式中，Φ_r——辐射传热热量（W）；

h_r——辐射传热系数（$W \cdot m^{-1} \cdot K^{-1}$）；

Δt——流体与固体壁面温差（K）。

在实际计算中是否考虑辐射传热，要根据实际情况来讨论。通常而言，在有气体参与的强制对流换热过程中，热交换较为充分，流体与壁面温差不大，辐射传热相对于对流换热很小，可以忽略不计。而在有气体参与的环空自然对流换热过程中，则可能需要考虑辐射传热情况。

在有气体参与的环空自然对流换热过程中，辐射传热系数的计算公式如下：

$$h_r = \frac{\sigma(T_1^2 + T_2^2)(T_1 + T_2)}{\dfrac{1}{\varepsilon_1} + \dfrac{r_1}{r_2}\left(\dfrac{1}{\varepsilon_2} - 1\right)} \quad (2\text{-}42)$$

式中，σ——史蒂芬-玻尔兹曼常数，$\sigma=5.67\times10^{-8}W \cdot m^{-2} \cdot K^{-4}$；

T_1——环空内层壁温（K）；

T_2——环空外层壁温（K）；

ε_1——环空内层表面粗糙度（m）；

ε_2——环空外层表面粗糙度(m)；

r_1——环空内层半径(m)；

r_2——环空外层半径(m)。

参 考 文 献

[1] 贾莎.高含硫气井井筒温度压力分布预测模型[D].西南石油大学，2012：20—27.

[2] 毛伟，张立德.焦耳-汤姆逊系数计算方法研究[J].特种油气藏，2002，9(5)：44—46.

[3] Dropkin D，Somerscales E. Heat transfer by natural convection in liquids confined by two parallel plates which are inclined at various angles with respect to the horizontal[J]. Journal of Heat Transfer，1965，87(1)：77—82.

[4] 张奕，郭恩震.传热学[M].南京：东南大学出版社，2004：107—148.

第3章 井筒瞬态温度模型研究

目前常用的井筒和地层瞬态传热分析方法有三类：解析法、数值法和半解析法。分别介绍如下。

(1)解析法，即在一定的假设条件下建立井筒传热数学模型，通过模型求解得其解析解。该方法适合于各向同性，假设条件相对简单的情况。若模型的假设条件过于复杂，则很难通过数学手段获得解析解。

(2)数值法，即通过建立井筒传热数学模型，将井筒和地层划分为若干传热单元，每个单元具有自己独立的传热性质，采用有限差分、有限元等数值模拟手段得到该模型的解。数值解的好处在于不需要解繁琐的偏微分方程，其缺点在于计算工作量大，且受限于数值模拟方法自身的缺陷，计算结果可能具有一定的误差。

(3)半解析法，实为解析法与数值法的"结合形式"，即也是通过建立井筒传热数学模型，在得到了模型的某种非最终解后，采用数值解析的方法反演出原模型的近似解。若数值解析方法选用得当，最后的近似解具有足够的计算精度，完全可以满足在工程中的运用。该方法相对解析法更为简单，也可以运用于更为复杂的井筒传热条件之中。

对于石油行业的油气田开发领域而言，常用半解析法解决井筒和地层瞬态传热问题；而对于石油行业的油气储运领域而言，通常采用数值解方法来进行流动保障、管流传热计算。

本章在分析常用的井筒和地层瞬态传热模型基础上，考虑原有模型的不足，基于复合介质的热传导理论，建立新的井筒和地层瞬态传热模型，并结合井筒流体能量守恒方程，建立了完整的井筒瞬态温度模型。

3.1 热传导基本方程

热传导基本方程是基于温度与时间、空间的数学模型，它是求解目标对象内部温度、传热速率等物理量的根本。热传导基本方程包括两个方面：导热微分方程和定解条件。

3.1.1 直角坐标系导热微分方程

导热微分方程是以能量守恒定律和傅里叶定律为基础的导出方程。针对静止的、内部含有热源的均质物体，取出边长分别为 dx、dy 和 dz 的单元控制体(图 3-1)。该单元控制体的能量守恒定律可以表述为：进入单元控制体的流体热流量－离开单元控制体的流体热流量＋单元控制体内部产热量＝单元控制体的能量增量。

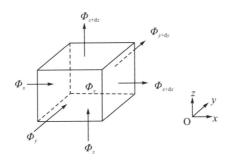

图 3-1　直角坐标系下的单元控制体导热分析示意图

在同一时刻，$x+\mathrm{d}x$、$y+\mathrm{d}y$、$z+\mathrm{d}z$ 三个面上有热量流出，假定热流密度是连续可微函数，则可以将该函数在 $\mathrm{d}x$、$\mathrm{d}y$、$\mathrm{d}z$ 的邻域内做泰勒展开，并取其前两项：

$$\Phi_{x+\mathrm{d}x} \approx \Phi_x + \frac{\partial \Phi_x}{\partial x}\mathrm{d}x = \Phi_x + \frac{\partial}{\partial x}\left(-\lambda\,\frac{\partial t}{\partial x}\right)\mathrm{d}x\,\mathrm{d}y\,\mathrm{d}z$$

$$\Phi_{y+\mathrm{d}y} \approx \Phi_y + \frac{\partial \Phi_y}{\partial y}\mathrm{d}y = \Phi_y + \frac{\partial}{\partial y}\left(-\lambda\,\frac{\partial t}{\partial y}\right)\mathrm{d}x\,\mathrm{d}y\,\mathrm{d}z \tag{3-1}$$

$$\Phi_{z+\mathrm{d}z} \approx \Phi_z + \frac{\partial \Phi_z}{\partial z}\mathrm{d}z = \Phi_z + \frac{\partial}{\partial z}\left(-\lambda\,\frac{\partial t}{\partial z}\right)\mathrm{d}x\,\mathrm{d}y\,\mathrm{d}z$$

该单元控制体内的自生热量为

$$\Phi_v = \dot{\Phi}_v\,\mathrm{d}x\,\mathrm{d}y\,\mathrm{d}z \tag{3-2}$$

式中，Φ_v——单元控制体内的自生热量；

　　　$\dot{\Phi}_v$——单位体积内的自生热量。

单位时间内单元控制体的热力学能的增量为

$$\Delta E = \frac{\partial}{\partial \tau}(\rho c t)\,\mathrm{d}x\,\mathrm{d}y\,\mathrm{d}z \tag{3-3}$$

将以上各式代入能量守恒方程中，整理后有

$$\frac{\partial}{\partial x}\left(\lambda\,\frac{\partial t}{\partial x}\right) + \frac{\partial}{\partial y}\left(\lambda\,\frac{\partial t}{\partial y}\right) + \frac{\partial}{\partial z}\left(\lambda\,\frac{\partial t}{\partial z}\right) + \Phi_v = \frac{\partial}{\partial \tau}(\rho c t) \tag{3-4}$$

该方程即为热传导微分方程，将热传导微分方程与在试井分析中常用的不稳定压力模型进行对比，可以发现：温度在多孔介质中的传导与流体在多孔介质中的渗流微分方程形式类似，若以数学物理方程的研究领域来看，该类模型统称为扩散方程。

若考虑单元控制体导热系数 λ、密度 ρ 和比热 c 不随时间而变化，引入热扩散系数 α，则式(3-4)变为

$$\frac{\partial^2 t}{\partial x^2} + \frac{\partial^2 t}{\partial y^2} + \frac{\partial^2 t}{\partial z^2} + \Phi_v = \frac{1}{\alpha}\,\frac{\partial t}{\partial \tau} \tag{3-5}$$

若考虑导热物体内部没有热源，则方程进一步化简为

$$\frac{\partial^2 t}{\partial x^2} + \frac{\partial^2 t}{\partial y^2} + \frac{\partial^2 t}{\partial z^2} = \frac{1}{\alpha}\,\frac{\partial t}{\partial \tau} \tag{3-6}$$

若考虑的导热问题为稳态导热问题，则方程还可以简化为

$$\frac{\partial^2 t}{\partial x^2} + \frac{\partial^2 t}{\partial y^2} + \frac{\partial^2 t}{\partial z^2} = 0 \tag{3-7}$$

在数学中，上式被称为 Laplace 方程。

若仅考虑热量在某一方向(x 方向)上的传导，则式(3-7)还可以简化为

$$\frac{\partial^2 t}{\partial x^2} = 0 \tag{3-8}$$

3.1.2　柱坐标系导热微分方程

对于许多热传导问题，如在圆筒内、球体的导热问题，采用直角坐标系来分析温度方程不方便。通过数学手段可以将直角坐标系下的导热微分方程快速地变换到柱坐标系、球坐标系下。考虑到本书的研究内容为热量在油管及地层中的传导，下面仅列出柱坐标系下的导热微分方程：

$$\frac{1}{r}\frac{\partial}{\partial r}\left(\lambda r\frac{\partial t}{\partial r}\right) + \frac{1}{r^2}\frac{\partial}{\partial \varphi}\left(\lambda\frac{\partial t}{\partial \varphi}\right) + \frac{\partial}{\partial z}\left(\lambda\frac{\partial t}{\partial z}\right) + \Phi_v = \frac{\partial}{\partial \tau}(\rho c t) \tag{3-9}$$

式中，r——沿井筒半径的径向方向(m)；

φ——圆周角(rad)。

3.1.3　定解条件

热传导问题中的定解条件包括以下四种。

(1)几何条件：限制导热物体的物理形状。

(2)物理条件：明确参与导热的各部分的热物性参数。

(3)初始条件：表明物体在初始时的温度分布状态，其表达式为

$$t\big|_{\tau=0} = f(x,y,z) \tag{3-10}$$

(4)边界条件：反映导热物体与周围环境的相互影响，通常有三类边界条件。

①第一类边界条件，规定边界 τ 处的温度：

$$t\big|_{\Gamma} = f(x,y,z,\tau) \tag{3-11}$$

②第二类边界条件，规定边界处的热流密度：

$$q\big|_{\Gamma} = -\lambda\frac{\partial t}{\partial n}\bigg|_{\Gamma} = f(x,y,z,\tau) \tag{3-12}$$

③第三类边界条件，规定边界处以对流换热方式与环境相接触：

$$-\lambda\frac{\partial t}{\partial n}\bigg|_{\Gamma} = h(t\big|_{\Gamma} - t_a) \tag{3-13}$$

式中，t_a——环境温度。

对任意的导热问题，建立其导热微分方程和定解条件后，即可通过数学手段求解。

3.2　经典井筒和地层瞬态传热模型分析

目前常用的井筒和地层传热模型是"Ramey 模型"及其改进的"Hasan-Kabir 模型"。这两个模型均将热量在井筒和地层的传热过程分为三个部分(图 3-2)：

（1）热量在油管内部（井筒）的热对流，以下将井筒内称为 I 区；

（2）热量在油管壁至水泥环外边界（第二界面）之间的热传导、热对流和热辐射，以下将井筒到第二界面之间的区域称为 II 区；

（3）热量在地层中的热传导，以下将地层称为 III 区。

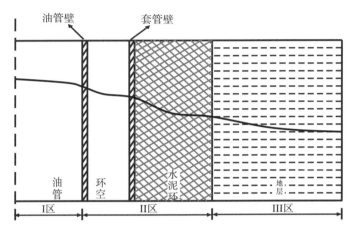

图 3-2　热量在井筒和地层中的传导示意图

如图 3-2 所示，以开井生产为例，由地层产出的热流体在井筒中由下至上流动，因而在井筒中产生热对流。除此之外，热流体也通过油、套管壁热传导，环空热对流和热辐射，以及水泥环热传导将热量传递到第二界面。最后，热流体的热量通过热传导的方式在地层中向外边界（通常为无限大地层）传播。

而目前在处理井筒温度模型时，通常认为热量在 I、II 区内做稳定传热、在 III 区内做非稳定传热。热量在 II 区做稳定传热，即将整个 II 区考虑为由单一热阻构成的传热介质，通过引入系统总传热系数"U_{to}"来表征热量在 II 区内的传导。热量在 III 区内做非稳定传热，将 III 区热阻考虑为与时间的函数关系，引入无因次时间函数 $f(t)$ 来表征热阻随时间的变化，以此简化热量在 III 区内的非稳态传热。

经典井筒温度模型的模型假设既达到了一定的简化效果，使得井筒和地层瞬态传热模型易于计算，同时也大体满足工程运用所需要的精度要求。并且，Ramey 模型在预测长时间条件下（即几乎达到传热稳态条件下）的计算精度较高，在短时间条件下（即短期瞬态传热条件下）的计算精度差强人意。以 Ramey 模型为基础发展的 Butler 模型、Chiu 模型和 Hasan&Kabie 模型等也具有类似的结果。

但是 Ramey 模型及其他模型均将热量在 II 区中的传热考虑为稳态传热，这与真实的井筒和地层传热情况不同。实际上，热量在井筒和地层中的传导过程均是瞬态的。若将整个 II 区考虑为单一热阻构成的传热介质，并考虑热量在 II、III 区内均为非稳态传热，则可以更好地模拟出热量在井筒和地层中传递的实际情况，这便是本书所建立的井筒-地层瞬态温度模型的基本思路。

3.3　基于复合介质的井筒和地层瞬态传热模型研究

3.3.1　新模型的假设条件

由 3.2 节分析，将 II、III 区介质分别考虑为均一传热介质，热量在 II、III 区内的传递均考虑为非稳态传热，由此提出一种新的基于复合介质的井筒和地层瞬态传热模型。模型的假设条件如下。

（1）由牛顿冷却定律来表征热流体在油管内的热对流状态。

（2）假设径向方向上油管壁至水泥环外边界之间的区域为均一热传导介质，热量在该区域内做不稳定传热；忽略油管壁至水泥环外边界之间区域内的纵向传热，认为其径向传热量远大于垂向传热量。

（3）假设径向方向上水泥环外边界到地层之间的区域为均一热传导介质，且热量在该区域内做不稳定传热；忽略水泥环外边界到地层之间区域内的纵向传热，认为其径向传热量远大于垂向传热量。

（4）油套管同心。

3.3.2　新模型的建立

根据以上假设，提出基于复合介质的井筒和地层瞬态传热数学模型，模型控制体如图 3-3 所示。

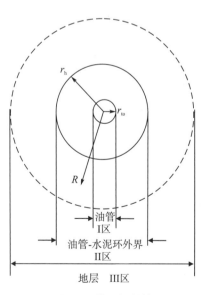

图 3-3　模型控制体

1. 微分方程

考虑到在 II、III 区忽略垂向传热，且油套管同心，三维热传导模型由此简化为一维径向热传导模型，则复合介质井筒和地层瞬态传热微分方程为

$$\frac{\partial^2 T_1(r,\tau)}{\partial r^2} + \frac{1}{r}\frac{\partial T_1(r,\tau)}{\partial r} = \frac{1}{\alpha_1}\frac{\partial T_1(r,\tau)}{\partial \tau}, \quad r_{to} \leqslant r \leqslant r_h \tag{3-14}$$

$$\frac{\partial^2 T_2(r,\tau)}{\partial r^2} + \frac{1}{r}\frac{\partial T_2(r,\tau)}{\partial r} = \frac{1}{\alpha_2}\frac{\partial T_2(r,\tau)}{\partial \tau}, \quad r > r_h \tag{3-15}$$

式中，$T_1(r,\tau)$——II 区温度函数(℃)，以下简写为 T_1；

$T_2(r,\tau)$——III 区温度函数(℃)，以下简写为 T_2；

r——距油管中心的距离(m)；

α_1——II 区导热系数(m^2/s)，计算式为：$\alpha_1 = U_{to} \cdot (\rho c)_h^{-1}$；

α_2——III 区导热系数(m^2/s)，计算式为：$\alpha_2 = K_e \cdot (\rho c)_e^{-1}$；

τ——时间(s)；

U_{to}——系统总传热系数，Ramey 定义的以油管外半径为基准的 II 区传热系数($W \cdot m^{-1} \cdot K^{-1}$)；

$(\rho c)_h$——特别定义的 II 区单位体积热容($J \cdot m^{-3} \cdot K^{-1}$)；

K_e——III 区传热系数($W \cdot m^{-1} \cdot K^{-1}$)；

$(\rho c)_e$——III 区单位体积热容($J \cdot m^{-3} \cdot K^{-1}$)。

2. 初始条件

在初始状态下，各点处的温度为该处的原始地层温度 T_{ei}，即

$$T_1 \big|_{\tau=0} = T_2 \big|_{\tau=0} = T_{ei}, \qquad r \geqslant r_{to} \tag{3-16}$$

3. 内边界条件

对于该传热系统的内边界，由傅里叶定理给定：

$$\frac{dq}{dz} = -2\pi r_{to} U_{to} \frac{dT_1}{dr}\bigg|_{r=r_{to}^+}, \qquad \tau > 0 \tag{3-17}$$

式中，dq/dz——单位油管段在单位时间内的热损失量($J \cdot m^{-1} \cdot s^{-1}$)；

r_{to}——油管外半径(m)。

在 II、III 区交界面(水泥环外边界)处，交界面左右两边温度相同，且热流密度相同，即

$$T_1 \big|_{r=r_h^-} = T_2 \big|_{r=r_h^+}, \qquad \tau > 0 \tag{3-18}$$

$$U_{to} \cdot \frac{\partial T_1}{\partial r}\bigg|_{r=r_h^-} = K_e \cdot \frac{\partial T_2}{\partial r}\bigg|_{r=r_h^+}, \quad \tau > 0 \tag{3-19}$$

式中，r_h——II、III 区交界面(水泥环外边界)至油管中心的距离(m)。

4. 外边界条件

通常认为在热传导过程中向无限远处外边界传热，则有

$$T_2\big|_{r\to\infty} = T_{ei}, \qquad \tau > 0 \tag{3-20}$$

由式(3-14)~式(3-20)构成复合介质井筒和地层瞬态传热模型,通过对该模型的求解,可以求得在任意位置、任意时间点处的温度分布,既可以通过敏感性计算来研究温度在井筒和地层中的分布特征,也可以结合井筒能量守恒方程求得井筒温度剖面。

3.3.3　新模型的无量纲化

为了研究的简便,引入下述无量纲量对上述模型进行无量纲处理。

无量纲温度 T_{1D}、T_{2D}:

$$T_{1D} = -\frac{2\pi U_{to}}{dq/dz}(T_1 - T_{ei}) \tag{3-21}$$

$$T_{2D} = -\frac{2\pi U_{to}}{dq/dz}(T_2 - T_{ei}) \tag{3-22}$$

无量纲距离 r_D:

$$r_D = \frac{r}{r_{to}} \tag{3-23}$$

令 ε 为 II、III 区交界面与油管外半径之比,即

$$\varepsilon = \frac{r_h}{r_{to}} \tag{3-24}$$

无量纲时间 τ_D:

$$\tau_D = \frac{\alpha_1 \cdot \tau}{r_{to}^2} \tag{3-25}$$

无量纲导热系数 β:

$$\beta = \frac{K_e}{U_{to}} \tag{3-26}$$

无量纲单位体积热容 θ:

$$\theta = \frac{(\rho c)_e}{(\rho c)_h} \tag{3-27}$$

结合热扩散系数定义,由式(3-26)和式(3-27)可推出热扩散系数比为

$$\frac{\alpha_1}{\alpha_2} = \frac{\theta}{\beta} \tag{3-28}$$

由此,对新模型进行无量纲处理后的模型为

$$\frac{\partial^2 T_{1D}}{\partial r_D^2} + \frac{1}{r_D}\frac{\partial T_{1D}}{\partial r_D} = \frac{\partial T_{1D}}{\partial \tau_D}, \qquad 1 \leqslant r_D \leqslant \varepsilon \tag{3-29}$$

$$\frac{\partial^2 T_{2D}}{\partial r_D^2} + \frac{1}{r_D}\frac{\partial T_{2D}}{\partial r_D} = \frac{\theta}{\beta}\frac{\partial T_{2D}}{\partial \tau_D}, \qquad r_D > \varepsilon \tag{3-30}$$

$$T_{1D}\big|_{\tau_D=0} = T_{2D}\big|_{\tau_D=0} = 0, \qquad r_D > 1 \tag{3-31}$$

$$\frac{\partial T_{1D}}{\partial r_D}\bigg|_{r_D=1^+} = -1, \qquad \tau_D > 0 \tag{3-32}$$

$$T_{1D}\big|_{r_D=\varepsilon^-} = T_{2D}\big|_{r_D=\varepsilon^+}, \qquad \tau_D > 0 \tag{3-33}$$

$$\left.\frac{\partial T_{1D}}{\partial r_D}\right|_{r_D=\varepsilon^-} = \beta \cdot \left.\frac{\partial T_{2D}}{\partial r_D}\right|_{r_D=\varepsilon^+}, \qquad \tau_D > 0 \qquad (3\text{-}34)$$

$$\left. T_{2D}\right|_{r_D\to\infty} = 0, \qquad \tau_D > 0 \qquad (3\text{-}35)$$

注：以上各式将 $T_{1D}(r_D, \tau_D)$、$T_{2D}(r_D, \tau_D)$ 分别简写为 T_{1D}、T_{2D}。

3.3.4　新模型的求解

考虑到新模型是基于复合介质的扩散方程，可以采用广义正交函数展开式的方法来求解该类问题[1]。但该方法对解偏微分方程能力有一定的要求，由于笔者数学能力有限，在此就该方法不展开讨论。

Laplace 变换方法已经广泛运用于求解非稳态热传导问题，该方法主要特点是可以简便地将温度函数中的时间变量消去，使温度是关于距离变量的函数，从而将原热扩散偏微分方程变换为常微分方程，便于方程求解。

本书选定 Laplace 变换法来求解新模型。Laplace 变换及其逆变换的定义和性质在许多数学物理方程和热传导相关书籍中均有详细介绍，在此不再赘述[2]。以下仅列出对无量纲式(3-29)~式(3-35)做 Laplace 变换后的结果为

$$\frac{d^2 \overline{T}_{1D}}{dr_D^2} + \frac{1}{r_D}\frac{d\overline{T}_{1D}}{dr_D} - s\cdot\overline{T}_{1D} = 0, \qquad 1\leqslant r_D\leqslant\varepsilon \qquad (3\text{-}36)$$

$$\frac{d^2 \overline{T}_{2D}}{dr_D^2} + \frac{1}{r_D}\frac{d\overline{T}_{2D}}{dr_D} - s\frac{\theta}{\beta}\cdot\overline{T}_{2D} = 0, \qquad r_D>\varepsilon \qquad (3\text{-}37)$$

$$\left.\frac{d\overline{T}_{1D}}{dr_D}\right|_{r_D=1^+} = -\frac{1}{s} \qquad (3\text{-}38)$$

$$\left.\overline{T}_{1D}\right|_{r_D=\varepsilon^-} = \left.\overline{T}_{2D}\right|_{r_D=\varepsilon^+} \qquad (3\text{-}39)$$

$$\left.\frac{d\overline{T}_{1D}}{dr_D}\right|_{r_D=\varepsilon^-} = \beta\cdot\left.\frac{d\overline{T}_{2D}}{dr_D}\right|_{r_D=\varepsilon^+} \qquad (3\text{-}40)$$

$$\left.\overline{T}_{2D}\right|_{r_D\to\infty} = 0 \qquad (3\text{-}41)$$

式(3-36)和式(3-37)是 0 阶虚宗量的贝塞尔函数，参照贝塞尔函数的性质，其通解分别为

$$\overline{T}_{1D} = AI_0(\sqrt{s}\cdot r_D) + BK_0(\sqrt{s}\cdot r_D) \qquad (3\text{-}42)$$

$$\overline{T}_{2D} = CI_0\left(\sqrt{s\frac{\theta}{\beta}}\cdot r_D\right) + DK_0\left(\sqrt{s\frac{\theta}{\beta}}\cdot r_D\right) \qquad (3\text{-}43)$$

式中，A、B、C、D——待定系数。

图 3-4 画出了第一类虚宗量贝塞尔函数 I_0 和第二类虚宗量贝塞尔函数 K_0 的图形。当自变量趋于无穷大时，I_0 趋于无穷大，而 K_0 趋于 0。根据外边界条件式(3-41)，可知待定系数 $C=0$。

同时，贝塞尔函数导数具有以下性质：

$$\frac{d}{dz}[W_0(\beta z)] = \begin{cases} -\beta W_1(\beta z), & W\equiv J,Y,K \\ \beta W_1(\beta z), & W=I \end{cases} \qquad (3\text{-}44)$$

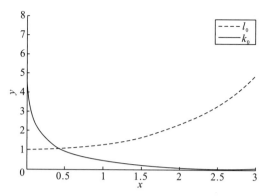

图 3-4　贝塞尔函数 I_0 的曲线趋势

据以上性质，将式(3-38)~式(3-40)代入式(3-42)和式(3-43)中，并将得到的方程组写成矩阵形式：

$$\begin{bmatrix} \sqrt{s}\,I_1(\sqrt{s}) & -\sqrt{s}\,K_1(\sqrt{s}) & 0 \\ I_0(\varepsilon\sqrt{s}) & K_0(\varepsilon\sqrt{s}) & -K_0\left(\varepsilon\sqrt{s\dfrac{\theta}{\beta}}\right) \\ I_1(\varepsilon\sqrt{s}) & -K_1(\varepsilon\sqrt{s}) & \sqrt{\beta\theta}K_1\left(\varepsilon\sqrt{s\dfrac{\theta}{\beta}}\right) \end{bmatrix} \begin{bmatrix} A \\ B \\ D \end{bmatrix} = \begin{bmatrix} -\dfrac{1}{s} \\ 0 \\ 0 \end{bmatrix} \tag{3-45}$$

记 $\boldsymbol{M}$ 为以上得到的方程组的系数矩阵：

$$\det\boldsymbol{M} = \sqrt{s}\,I_1(\sqrt{s})\left[K_0(\varepsilon\sqrt{s})\cdot\sqrt{\beta\theta}K_1\left(\varepsilon\sqrt{s\frac{\theta}{\beta}}\right) - K_0\left(\varepsilon\sqrt{s\frac{\theta}{\beta}}\right)\cdot K_1(\varepsilon\sqrt{s})\right]$$
$$+ \sqrt{s}\,K_1(\sqrt{s})\left[I_0(\varepsilon\sqrt{s})\cdot\sqrt{\beta\theta}K_1\left(\varepsilon\sqrt{s\frac{\theta}{\beta}}\right) + K_0\left(\varepsilon\sqrt{s\frac{\theta}{\beta}}\right)\cdot I_1(\varepsilon\sqrt{s})\right] \tag{3-46}$$

系数矩阵 $\boldsymbol{M}$ 的行列式不等于零，则可以通过克拉默法则计算该方程组的解，计算结果如下：

$$A = -\frac{K_0(\varepsilon\sqrt{s})\cdot\sqrt{\beta\theta}K_1\left(\varepsilon\sqrt{s\frac{\theta}{\beta}}\right) - K_0\left(\varepsilon\sqrt{s\frac{\theta}{\beta}}\right)\cdot K_1(\varepsilon\sqrt{s})}{s\cdot\det\boldsymbol{M}} \tag{3-47}$$

$$B = \frac{I_0(\varepsilon\sqrt{s})\cdot\sqrt{\beta\theta}K_1\left(\varepsilon\sqrt{s\frac{\theta}{\beta}}\right) + K_0\left(\varepsilon\sqrt{s\frac{\theta}{\beta}}\right)\cdot I_1(\varepsilon\sqrt{s})}{s\cdot\det\boldsymbol{M}} \tag{3-48}$$

$$D = \frac{I_0(\varepsilon\sqrt{s})\cdot K_1(\varepsilon\sqrt{s}) + K_0(\varepsilon\sqrt{s})\cdot I_1(\varepsilon\sqrt{s})}{s\cdot\det\boldsymbol{M}} \tag{3-49}$$

将系数 A、B、C、D 带入式(3-42)和式(3-43)中，即可求得原热扩散偏微分方程的 Laplace 空间解。特别的，若令式(3-42)和式(3-43)中的 $r_D=1$，则可以求得在油管壁处的温度。

3.3.5　Stehfest 数值反演

对于复杂的 Laplace 空间解，采用解析手段来完成 Laplace 反演是很困难的，通常采用 Stehfest 数值反演算法来解决该问题。

Stehfest 根据 Gaver 所考虑的函数 $f(t)$ 对于概率密度 $f_n(a,t)$ 的期望，其中 $f_n(a,t)$ 为

$$f_n(a,t) = a\,\frac{(2n)!}{n!(n-1)!}(1 - e^{-at})n e^{-nat}, \quad a > 0 \tag{3-50}$$

提出如下反演公式：

$$f(t) = \frac{\ln 2}{t}\sum_{i=1}^{N} V_i \bar{f}(s) \tag{3-51}$$

其中：N 是偶数，通常取 6~18，s 用 $(i\ln 2)/t$ 代替，V_i 为

$$V_i = (-1)^{N/2+i}\sum_{k=(i+1)/2}^{\min(i,N/2)}\frac{k^{N/2}(2k)!}{(N/2-k)!k!(k-1)!(i-k)!(2k-i)!} \tag{3-52}$$

利用上式，给定一个时间 t 和 i，就可以算出 $\bar{f}(s)$ 和 V_i，从而由像函数 $\bar{f}(s)$ 数值反演出原函数 $f(t)$。

3.3.6　敏感性参数分析

通过上述推导和计算过程，可以得到井筒、地层内任意位置处、任意时间点的温度。通过 MATLAB 软件编程实现该计算过程，并进行敏感性分析。

1. 典型图版分析

由式(3-42)和式(3-43)可知，无量纲温度 T_{1D}、T_{2D} 仅是无量纲距离 r_D、II、III 区交界面与油管外半径之比 ε，无量纲导热系数 β，无量纲单位体积热容 θ 和无量纲时间 τ_D 的函数关系。以 $\varepsilon=10$，$\beta=0.1$，$\theta=1$ 为例，做出无量纲温度 T_{1D}-无量纲距离 ε、无量纲时间 τ_D 的双对数曲线图 3-5。

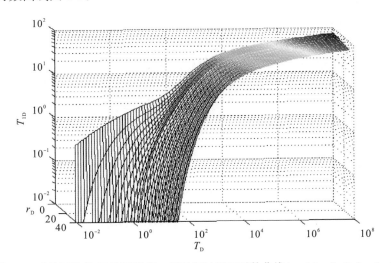

图 3-5　无量纲温度-无量纲距离、无量纲时间双对数曲线($\varepsilon=10$，$\beta=0.1$，$\theta=1$)

从图 3-5 中可以读出任意无量纲距离、无量纲时间下的无量纲温度值。由于油管内

流体的对流换热充分，且油管壁热传导系数很大，可以近似地认为井筒内流体温度变化趋势与在 $r_D=1$ 处的无量纲温度变化趋势相同，因此仅需研究在油管外径处（$r_D=1$）的无量纲温度随无量纲时间的变化情况。即将图 3-5 中 $r_D=1$ 处的无量纲温度曲线取出，并作出其无量纲温度导数双对数曲线（以下简称无量纲温度曲线和无量纲温度导数曲线）。

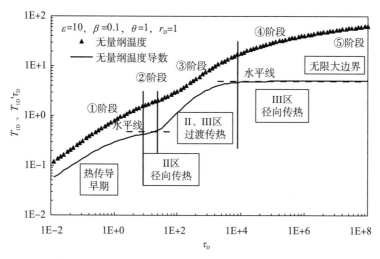

图 3-6　典型无量纲温度及其导数曲线（$\varepsilon=10$，$\beta=0.1$，$\theta=1$，$r_D=1$）

通过图 3-6 中无量纲温度导数曲线可以直观地看出热量由 II 区向 III 区传导过程中的传热特点。无量纲温度曲线和无量纲温度导数曲线划分为如图 3-6 中的 5 个阶段，其各阶段特征如下所述。

①阶段：出现在开井生产、热量由井筒向地层传导的初期，表现为无量纲温度、无量纲温度导数曲线均呈上升趋势。

②阶段：热量在 II 区中做稳定径向传导，无量纲温度导数曲线有趋于定值趋势，即其在图版中出现一条"水平线"趋势。在此需要说明的是，由于对无量纲温度的定义，此处出现的水平线的值也为 0.5，它代表的含义与压力试井图版中的"0.5 线"表示径向流含义类似。

③阶段：该阶段反应为热量从 II 区向 III 区传递，其无量纲温度曲线、无量纲温度导数曲线的形态与 II、III 区热传导物性参数有关。

④阶段：热量在 III 区中做稳定径向传导，无量纲温度导数曲线有趋于定值趋势，即其在图版中出现另一条"水平线"趋势。需要说明的是，该"水平线"的取值不一定也是 0.5，该数值与 II、III 区热传导物性参数有关。通过后续的参数敏感性分析可知，该水平线数值为 $1/2 \cdot \beta^{-1}$。

⑤阶段：由于将热量在井筒和地层中的传导通常考虑为无限大外边界情况，即热量以恒定的速率向无限远处传播。因此在无量纲时间 τ_D 趋于无穷大时，无量纲温度导数曲线仍然呈与④阶段相同的"水平线"趋势。

2.无量纲距离分析

分析不同的 II、III 区交界面与油管外半径之比 ε 对无量纲温度的影响。令 $\theta=1$，

$\beta = 0.1$，$r_D = 1$，分别作出 $\varepsilon = 5$、10 和 20 条件下的无量纲温度及其导数曲线（图 3-7）。

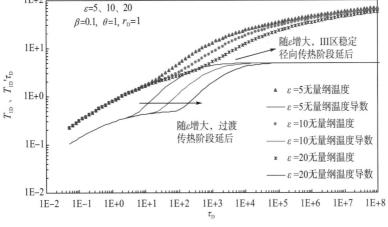

图 3-7 不同无量纲距离下的无量纲温度及其导数曲线（$\varepsilon = 5$、10、20，$\theta = 1$，$\beta = 0.1$，$r_D = 1$）

由图 3-7 可以看出，改变 ε 的数值，无量纲温度曲线及其导数曲线呈现出一定的变化：无量纲温度随 ε 增大而逐渐增大，且出现③阶段的无量纲时间随 ε 增大而逐渐推后。因为 ε 越大，II 区半径相对 III 区增大，则热量传导需要更长的时间才能波及到 II、III 区交界面处，即出现③阶段的无量纲时间推后了，相应的④阶段出现时间也延后。若 II 区半径较小，则 II 阶段的"水平线"将更不明显，甚至不出现。

改变 θ、β 的数值，发现也存在以上的规律，如图 3-8 所示。由图可知：随 ε 的增大，无量纲温度导数曲线出现③、④阶段的时间延后。

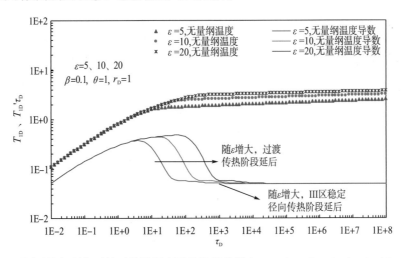

图 3-8 不同无量纲距离下的无量纲温度及其导数曲线（$\varepsilon = 5$、10、20，$\theta = 1$，$\beta = 10$，$r_D = 1$）

3.无量纲导热系数分析

研究无量纲导热系数对无量纲温度及其导数曲线的影响规律。令 $\varepsilon = 10$，$\theta = 1$，$r_D = 1$，分别作出 $\beta = 0.1$、0.2、1、5 和 10 条件下的无量纲温度及其导数曲线（图 3-9）。

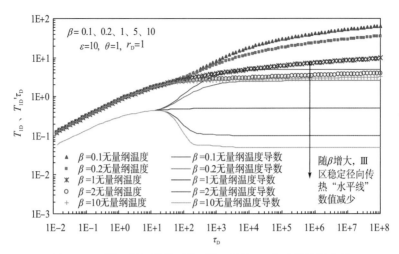

图 3-9　不同无量纲导热系数下的无量纲温度及其导数曲线
（$\beta=0.1$、0.2、1、5、10，$\varepsilon=10$，$\theta=1$，$r_D=1$）

由不同导热系数下的无量纲温度及其导数曲线可以看出，随着 β 的增大，无量纲温度导数曲线中④阶段的"水平线"数值减小，且通过观察其具体数值发现③阶段的"水平线"数值为 $1/2 \cdot \beta^{-1}$。另外，图 3-9 中无量纲温度及其导数曲线，其参数为 $\beta=1$，$\varepsilon=10$，$\theta=1$，$r_D=1$，由无量纲热扩散系数计算公式可知：$\alpha_1/\alpha_2=\theta/\beta=1$，即 II、III 区热传导物性参数相同，即可认为 II、III 区介质传热物性参数相同，此条件下无量纲温度及其导数曲线类似于均质油藏的压降和压降导数图版。

4. 无量纲单位体积热容分析

研究无量纲单位体积热容 θ 对无量纲温度及其导数曲线的影响规律。令 $\varepsilon=10$，$\beta=0.1$，$r_D=1$，分别作出 $\theta=0.1$、0.5 和 1 条件下的无量纲温度及其导数曲线（图 3-10）。

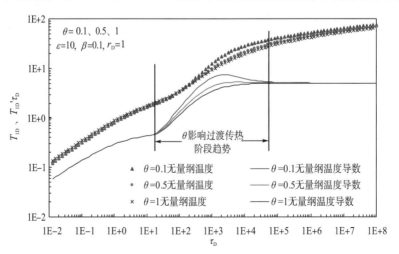

图 3-10　不同无量纲单位体积热容下的无量纲温度及其导数曲线
（$\theta=0.1$、0.5、1，$\varepsilon=10$，$\beta=0.1$，$r_D=1$）

由不同无量纲单位体积热容下的无量纲温度及其导数曲线可以看出，改变无量纲单位体积热容，则会影响过渡传热阶段的无量纲温度导数曲线变化趋势，同时也会对 III 区稳态径向导热开始时间产生影响。

3.4　井筒流体热力学模型

上一节研究了热量在井筒和地层间的传递情况，本节对热流体在井筒内部的热平衡问题进行讨论。从井筒中取出如下单元控制体，并由下至上建立坐标系，如图 3-11 所示。

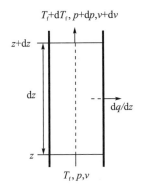

图 3-11　井筒内传热单元控制体

热流体在单元控制体内的热平衡问题遵从能量守恒定律。在整个流动过程中，涉及多种能量之间的平衡。为了便于分析和推导能量在井筒内的平衡问题，提出如下假设条件：

(1)流体在单元控制体内做稳定流动；

(2)在单元控制体内，流体不存在相变热，各相具有相同的温度，在计算时间步内流体热物性参数恒定。

根据能量守恒定律，单元控制体内的能量守恒方程为

$$\frac{dh}{dz} = \frac{1}{G_t}\frac{dq}{dz} - \frac{v\,dv}{dz} - g\sin\theta \tag{3-53}$$

式中，h——流体比焓（J/kg）；

v——流体流速（m/s）；

g——重力加速度（m/s²）；

G_t——总流体（油、气、水）质量流量（kg/s）。

由热力学基本理论可知，对于实际流体：

$$dh = \left(\frac{\partial h}{\partial T}\right)_p dT + \left(\frac{\partial h}{\partial p}\right)_T dp \tag{3-54}$$

结合流体比热及焦耳-汤姆逊系数的定义：

$$c_{pm} = \left(\frac{\partial h}{\partial T}\right)_p \tag{3-55}$$

$$\alpha_H = \left(\frac{\partial T}{\partial p}\right)_h = -\frac{(\partial h/\partial p)_T}{(\partial h/\partial T)_p} = -\frac{1}{c_{pm}}\left(\frac{\partial h}{\partial p}\right)_T \tag{3-56}$$

式(3-54)化为

$$\mathrm{d}h = c_{pm}\mathrm{d}T - \alpha_H c_{pm}\mathrm{d}p \tag{3-57}$$

代入式(3-53)并整理，令 T_f 为流体温度代替温度 T，有

$$\frac{\mathrm{d}T_f}{\mathrm{d}z} = \frac{1}{c_{pm}}\left(\frac{1}{G_t}\frac{\mathrm{d}q}{\mathrm{d}z} - \frac{v\mathrm{d}v}{\mathrm{d}z} - g\sin\theta\right) + \alpha_H\frac{\mathrm{d}p}{\mathrm{d}z} \tag{3-58}$$

上式则是井筒流体热力学模型的演化形式。

3.5 井筒瞬态温度模型

将热量在井筒内和井筒与地层间的传递模型相结合，即可得到反应井筒瞬态温度剖面的模型。将式(3-21)与式(3-58)相结合，消去热流密度 $\mathrm{d}q/\mathrm{d}z$，得

$$\frac{\mathrm{d}T_f}{\mathrm{d}z} = \frac{1}{c_{pm}}\left[-\frac{2\pi U_{to}}{G_t T_{1D}}(T_1 - T_{ei}) - \frac{v\mathrm{d}v}{\mathrm{d}z} - g\sin\theta\right] + \alpha_H\frac{\mathrm{d}p}{\mathrm{d}z} \tag{3-59}$$

引入松弛距离 A、Sagar 等提出的参数 ϕ 和中间变量 m，对上式做简化处理，得

$$\frac{\mathrm{d}T_f}{\mathrm{d}z} + \frac{T_f}{A} = -\frac{g_T z}{A} + m \tag{3-60}$$

其中

$$T_{ei} = T_{bh,ei} - g_T z \tag{3-61}$$

$$A = \frac{G_t T_{1D} c_{pm}}{2\pi U_{to}} \tag{3-62}$$

$$\phi = -\frac{v\mathrm{d}v}{c_{pm}\mathrm{d}z} + \alpha_H\frac{\mathrm{d}p}{\mathrm{d}z} \tag{3-63}$$

$$m = \frac{T_{bh,ei}}{A} + \phi - \frac{g\sin\theta}{c_{pm}} \tag{3-64}$$

式中，$T_{bh,ei}$——井底处对应的地层初始温度($℃$)；

g_T——地温梯度($℃/m$)。

若考虑单元控制体内的流体物性参数在计算时间步内不变，则式(3-61)是井筒流体温度 T_f 和深度 z 的一阶线性常微分方程，联合定解条件可以求其特解。通常是将整个井筒划分为多个微元段，每个微元段即为一个单元控制体，并从单元控制体底部开始，以底部参数为已知条件，计算单元控制体顶部参数。

式(3-60)的通解为

$$T_f = \exp\left(-\int_z^{z+dz}\frac{1}{A}\mathrm{d}z\right) \cdot \left[CC + \int_z^{z+dz}\left(-\frac{g_T}{A}z + m\right)\exp\left(\int_z^{z+dz}\frac{1}{A}\mathrm{d}z\right)\mathrm{d}z\right] \tag{3-65}$$

式中，CC——待定系数。

将以下定解条件代入式(3-65)中：

$$T_f\big|_{z=z_{in}} = T_{f,in}$$

$$T_{ei}\big|_{z=z_{in}} = T_{ei,in} = \frac{T_{bh,ei} - g_T z_{in}}{A} \tag{3-66}$$

$$T_{ei}\big|_{z=z_{out}} = T_{ei,out} = \frac{T_{bh,ei} - g_T z_{out}}{A}$$

式中，$T_{f,in}$——单元控制体入口段井筒流体温度(℃)；

$T_{ei,in}$——单元控制体入口段对应地层温度(℃)；

$T_{ei,out}$——单元控制体出口段对应地层温度(℃)；

z_{in}——单元控制体入口段距井底测深(m)；

z_{out}——单元控制体出口段距井底测深(m)。

得到单元控制体出口处流体温度为

$$T_{f,out} = T_{ei,out} + \exp\left(\frac{z_{in} - z_{out}}{A}\right) \cdot (T_{f,in} - T_{ei,in})$$

$$+ A\left[1 - \exp\left(\frac{z_{in} - z_{out}}{A}\right)\right] \cdot \left(-\frac{g\sin\theta}{c_{pm}} + \phi + g_T\sin\theta\right) \quad (3\text{-}67)$$

式中，$T_{f,out}$——单元控制体出口段井筒流体温度(℃)。

将该段单元控制体计算出的出口流体温度作为下一段的入口流体温度，即可依次计算，直至求得井口流体温度，即得到整个井筒温度剖面。将计算时间步推后，再次进行由井底到井口的流体温度计算，则可以得到下一时间步下的井筒温度剖面……重复以上过程，则得到井筒温度剖面与时间的变化情况，即可模拟全井筒瞬态温度场。

3.6　相关参数计算方法

井筒瞬态温度场模拟的精确程度，与模型中的参数取值关系密切。井筒瞬态温度模型中包含有一些特别定义的热力学参数，如系统总传热系数 U_{to} 等，现分别介绍其计算方法。

3.6.1　系统总传热系数

系统总传热系数是反映 II 区平均热阻的参数，它由 Ramey 提出并运用到井筒温度模型计算之中。它的计算公式为

$$\frac{1}{U_{to}} = \frac{r_{to}}{r_{ti}h_{to}} + \frac{r_{to}\ln(r_{to}/r_{ti})}{k_t} + \frac{1}{h_c + h_r} + \frac{r_{to}\ln(r_{co}/r_{ci})}{k_{cas}} + \frac{r_{to}\ln(r_h/r_{co})}{k_{cem}} \quad (3\text{-}68)$$

式中，r_{ti}——油管内半径(m)；

r_{ci}——套管内半径(m)；

r_{co}——套管外半径(m)；

h_{to}——井筒流体对流换热系数($W \cdot m^{-1} \cdot K^{-1}$)；

h_c——环空流体对流换热系数($W \cdot m^{-1} \cdot K^{-1}$)；

h_r——环空流体辐射系数($W \cdot m^{-1} \cdot K^{-1}$)；

k_t——油管导热系数($W \cdot m^{-2} \cdot K^{-1}$)；

k_{cas}——套管导热系数($W \cdot m^{-2} \cdot K^{-1}$)；

k_{cem}——水泥环导热系数($W \cdot m^{-2} \cdot K^{-1}$)。

若油套管结构复杂，只需要将上式中的套管、水泥环项依次排列组合即可。

3.6.2 单位体积热容

单位体积热容是在本书中特别定义的，用以表征 II 区热阻平均热容的参数。通过体积加权来得到单位体积热容。体积加权算法为

$$
\begin{aligned}
\pi r_{\rm h}^2 {\rm d}z\,(\rho c)_{\rm h} =& \pi r_{\rm ti}^2 {\rm d}z\,(\rho c)_{\rm f} + \pi(r_{\rm to}^2 - r_{\rm ti}^2){\rm d}z\,(\rho c)_{\rm t} \\
&+ \pi(r_{\rm ci}^2 - r_{\rm to}^2){\rm d}z\,(\rho c)_{\rm ann} + \pi(r_{\rm co}^2 - r_{\rm ci}^2){\rm d}z\,(\rho c)_{\rm cas} \\
&+ \pi(r_{\rm h}^2 - r_{\rm co}^2){\rm d}z\,(\rho c)_{\rm cem}
\end{aligned} \tag{3-69}
$$

式中，$(\rho c)_{\rm f}$——井筒流体单位体积热容($\rm J\cdot m^{-3}\cdot K^{-1}$)；

$(\rho c)_{\rm t}$——油管单位体积热容($\rm J\cdot m^{-3}\cdot K^{-1}$)；

$(\rho c)_{\rm ann}$——环空流体单位体积热容($\rm J\cdot m^{-3}\cdot K^{-1}$)；

$(\rho c)_{\rm cas}$——套管单位体积热容($\rm J\cdot m^{-3}\cdot K^{-1}$)；

$(\rho c)_{\rm cem}$——水泥环单位体积热容($\rm J\cdot m^{-3}\cdot K^{-1}$)。

将上式化简，有

$$
\begin{aligned}
(\rho c)_{\rm h} =& [r_{\rm ti}^2(\rho c)_{\rm f} + (r_{\rm to}^2 - r_{\rm ti}^2)(\rho c)_{\rm t} + (r_{\rm ci}^2 - r_{\rm to}^2)(\rho c)_{\rm ann} \\
&+ (r_{\rm co}^2 - r_{\rm ci}^2)(\rho c)_{\rm cas} + (r_{\rm h}^2 - r_{\rm co}^2)(\rho c)_{\rm cem}]/r_{\rm h}^2
\end{aligned} \tag{3-70}
$$

3.6.3 特定参数

在井筒瞬态温度模型中，还引入特定参数 ϕ 来表征流体动能改变项和焦耳-汤姆逊效应项。正常情况下，通过实际数据可以对这两项进行求解，但在某些特殊情况下，可以直接计算参数 ϕ 以代替流体动能改变项和焦耳-汤姆逊效应项。参数 ϕ 是由 Sagar 等通过对 392 口两相管流生产井的数据统计而得，具有较高的普适性。

Sagar 等的研究表明，当流体的质量流量 $G_{\rm t}<2.27{\rm kg/s}$ 时，参数 ϕ 取值为 0，流体的质量流量 $G_{\rm t}\geqslant2.27{\rm kg/s}$ 时，参数 ϕ 通过下式计算：

$$
\begin{aligned}
\phi =& -2.978\times10^{-3} + 1.4590\times10^{-4}p_{\rm wh} + 4.1982\times10^{-4}G_{\rm t} \\
& -5.8817\times10^{-7}R_{\rm gL} + 3.229\times10^{-5}\gamma_{\rm API} \\
& +4.009\times10^{-3}\gamma_{\rm g} - 6.0130\times10^{-2}g_{\rm T}
\end{aligned} \tag{3-71}
$$

式中，$p_{\rm wh}$——井口压力(MPa)；

$R_{\rm gL}$——生产气液比($\rm m^3/m^3$)；

$\gamma_{\rm g}$——气体比重，无量纲；

$\gamma_{\rm API}$——原油 API 重度。

参 考 文 献

[1] 俞昌铭. 热传导[M]. 河北：高等教育出版社，1983：316-335.

[2] 吴小庆. 数学物理方程及其应用[M]. 北京：科学出版社，2008：122-130.

第 4 章 井筒压力模型评价与优选

相对于井筒温度分布，在生产过程中井筒压力很容易就达到稳定流动条件，因此本章研究稳态流动下的井筒压力模型。目前常用的气井井筒压力模型分为两大类：一类是单相、拟单相管流井筒压力模型，这一类模型的发展较完善，计算精度较高；另一类是两相管流井筒压力模型，这一类模型众多，计算精度差异较大，是目前管流领域的研究重点。本章首先介绍单相、拟单相井筒压力模型，然后针对 Hasan-Kabir 提出的漂移流井筒压力理论模型进行相关改进，最后通过测试数据对井筒两相压力模型进行评价、优选。

4.1 单相、拟单相管流井筒压力模型

单相管流是指单一的水相、油相或气相在油管中的流动状况。考虑到在某些情况下，油管中的流体相内变化稳定、相间变化不明显，可以近似地将一些多相流体的管流状态认为是单相管流，称作拟单相管流。以下几种生产情况均可视为拟单相管流：不析出溶解气或析出很少溶解气的产水油井；不发生或较少发生凝析现象的气井；产水量相对产气量很少的产水气井等。

拟单相管流的压力梯度模型与单相管流形式相同，不同之处仅在两者模型中的各参数的求取方法不同。单相管流压力梯度模型中的参数为单相流体的相关参数，而拟单相管流压力梯度模型的对应参数为混合流体的相关参数。

4.1.1 管流压力梯度模型

将气相管流考虑为一维、稳定的问题，在气相管流中取一控制体，如图 4-1 所示。以油管轴线为坐标轴 z 轴，规定坐标轴正向同管内流体流动方向一致。定义管斜角 θ 为坐标轴 z 轴与水平方向的夹角。

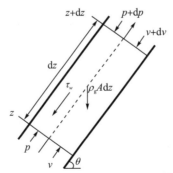

图 4-1 一维稳定气相流动控制体

假设管壁封闭，无流体流入、流出管壁，由质量守恒得连续性方程为

$$\frac{\mathrm{d}(\rho v A)}{\mathrm{d}z} = 0 \qquad\qquad (4\text{-}1)$$

式中 ρ——气体密度（kg/m³）；

　　v——气体流速（m/s）；

　　A——管子流通截面积，$A = \frac{\pi D^2}{4}$（m²）；

　　D——管子内径（m）；

作用于控制体的外力应等于流体的动量变化：

$$\sum F_z = \rho A \mathrm{d}z \frac{\mathrm{d}v}{\mathrm{d}\tau} \qquad\qquad (4\text{-}2)$$

作用于控制体的外力 $\sum F_z$ 包括：流体的重力沿 z 轴的分力 $-\rho g A \mathrm{d}z \sin\theta$；控制体进出口端的压力差 $pA-(p+\mathrm{d}p)A$；管壁摩擦阻力 $-\tau_w \pi D \mathrm{d}z$，$\tau_w$ 为流体与管壁的摩擦应力（单位管壁面积上的摩擦力）（Pa）；

实验表明，管壁摩擦应力与单位体积流体所具有的动能成正比。引入摩阻系数 f：

$$\tau_w = \frac{f}{4} \times \frac{\rho v^2}{2} \qquad\qquad (4\text{-}3)$$

由以上各式，可得单相流体井筒压力梯度方程为

$$\frac{\mathrm{d}p}{\mathrm{d}z} = -\rho g \sin\theta - f \times \frac{\rho v^2}{2D} - \rho v \frac{\mathrm{d}v}{\mathrm{d}z} \qquad\qquad (4\text{-}4)$$

由上式可知：总压力梯度 $\mathrm{d}p/\mathrm{d}z$ 可以表示为重力梯度、摩阻梯度、加速度梯度三项之和，分别用 $(\mathrm{d}p/\mathrm{d}z)_G$、$(\mathrm{d}p/\mathrm{d}z)_F$ 和 $(\mathrm{d}p/\mathrm{d}z)_A$ 表示。通常，加速度梯度的值相对于重力梯度、摩阻梯度更小。

类似于单相管流的压力梯度方程，拟单相管流的压力梯度方程为

$$\frac{\mathrm{d}p}{\mathrm{d}z} = -\rho_m g \sin\theta - f_m \times \frac{\rho_m v_m^2}{2D} - \rho_m v_m \frac{\mathrm{d}v_m}{\mathrm{d}z} \qquad\qquad (4\text{-}5)$$

式中，$_m$——拟单相流体。

4.1.2　参数求取

只有准确计算出各参数的值，才能正确地计算出实际的单相、拟单相管流井筒压力剖面。各参数的求取方法在许多文献及专著中均有提及，现仅列出各参数计算方法[1]，如表 4-1 所示。

表 4-1　物性参数计算方法

物性参数	计算方法
气体临界温度、临界压力	Key 规则-SSBV 规则（1985）
气体黏度	LGE 方法（1966）
原油黏度	Beggs-Robinson 方法（1975）
地层水黏度	McCain 方法

物性参数	计算方法
摩阻系数	ColeBrook-White 方法(1939) Jain 公式(1976)
偏差系数	DAK 方法(1975) LXF 方法(2001)

4.1.3 求解方法

单相管流压力梯度模型的求解方法先后经历了 Rzasa 和 Katz 提出的"平均温度和平均偏差系数"计算方法、Sukkar 和 Cownell 提出的"平均温度"计算方法以及 Cullender 和 Smith 提出的"数值积分"计算方法。"数值积分"法是对于数值积分学的推广运用,通过该方法可以得到较为满意的计算结果。特别是将井筒按井深分段后,每一段分别采用"数值积分"法进行计算,可以大大提高计算精度。其算法的核心思想是将所有的参数均考虑为压力 p 的函数,通过数值积分梯形法进行迭代计算,以求得最终结果,具体解法参见文献[2]。

4.2 气液两相管流井筒压力模型

气液两相流动属于流体力学研究内容,它主要研究参与流动的介质——气相和液相在流动条件下的流动规律。相对于单相、拟单相管流,由于不同的流动条件会导致气液赋存状态差异很大,气液两相流动规律更为复杂。对石油工程领域而言,气液两相管流在边底水气藏、凝析气藏的开发中经常会发生。

气液两相管流压力梯度模型先后经历了经验模型和理论模型阶段。经验模型主要对实验数据或现场数据进行归纳、分析以得到某些参数的表达式,并进行相关的压力梯度模型计算。理论模型则注重于研究气液两相管流中两相流体的理论赋存界限及其表现形式,试图从理论的角度出发,阐述出现各种流型的内在机理及其核心参数的求取方法。

本节首先介绍漂移模型的理论基础,然后对一种完全基于漂移模型的气液两相管流理论模型做了相关改进,最后结合取自于文献的测压数据,对包括改进的两相管流模型在内的 9 种气液两相管流模型进行分析评价与优选。

4.2.1 漂移模型

1965 年,Zuber 和 Findlay 提出了一种既考虑气相液相在流动过程中具有滑移速度,又考虑持气率与流速沿过流断面呈不规则分布的新模型,称之为漂移模型[3]。

$$\phi_{\mathrm{g}} = \frac{v_{\mathrm{sg}}}{C_{\mathrm{o}}v_{\mathrm{m}} + v_{\infty}} \tag{4-6}$$

式中,ϕ_{g}——持气率,无量纲;

v_{sg}——气相表观速率(m/s);

C_o——分布系数，无量纲；

v_m——气液混合流速(m/s)；

v_∞——气相的漂移速度，即气液相间的局部相对速度(m/s)。

当采用漂移模型来计算持气率时，需要确定分布系数 C_o 和气相的漂移速度 v_∞。

4.2.2 Hasan-Kabir 气液两相管流模型的改进

Hasan 和 Kabir 于 2010 年提出了一个完全基于漂移模型的气液两相管流理论模型，基于理论分析对气液两相管流流型进行了划分，并给出了各种流型的判定准则，进而讨论了不同流型下的压降模型及其相关参数计算。

1. 流型划分

按照气液两相介质的分布形态，将整个气液两相管流流型划分为泡状流、段塞流、搅动流和环状流四种，并且泡状流被细分为气泡流和分散泡状流两种形态。

2. 压力梯度模型

同单相、拟单相管流压力梯度模型类似，气液两相管流的压力梯度模型是由重力项、摩阻项和加速度改变项构成，即由式(4-5)给出。

其中混合流体密度是由气相和液相的密度通过体积加权得到，即

$$\rho_m = \rho_g \phi_g + \rho_l (1 - \phi_g) \tag{4-7}$$

式中的持气率 ϕ_g 通过漂移模型计算得到。

混合流体黏度通过重量加权得到，即

$$\mu_m = \mu_g \chi + \mu_l (1 - \chi) \tag{4-8}$$

式中，χ——气相质量分数，无量纲，通过下式计算：

$$\chi = \frac{v_{sg} \rho_g}{v_{sg} \rho_g + v_{sl} \rho_l} \tag{4-9}$$

式中，v_{sl}——液相表观速率(m/s)。

摩阻梯度采用均相模型来计算。其中混合流体摩阻系数通过 Chen 关联式计算：

$$f_m = \left[4\log\left(\frac{\Delta/D}{3.7065} - \frac{5.0452}{Re_m} \log\Lambda \right) \right]^{-2} \tag{4-10}$$

式中，Δ——油管粗糙度(m)；

Λ——定义的无量纲参数，由下式计算：

$$\Lambda = \frac{(\Delta/D)^{1.1098}}{2.8257} + \left(\frac{7.149}{Re_m} \right)^{0.8981} \tag{4-11}$$

3. 相关参数计算方法

通过 Harmathy 公式计算气泡在泡流流型中的极限上升速度：

$$v_{\infty b} = 1.53 \left[\frac{g(\rho_l - \rho_g)\sigma}{\rho_l^2} \right]^{\frac{1}{4}} \tag{4-12}$$

式中，$v_{\infty b}$——单个气泡的极限上升速度(m/s)；

σ——气液表面张力(N/m)。

泰勒气泡的极限上升速度与井斜角和流动通道几何形状有关，即

$$v_{\infty T} = 0.35\sqrt{\frac{gD(\rho_1 - \rho_g)}{\rho_1}} F_\theta F_\alpha \tag{4-13}$$

式中，$v_{\infty T}$——泰勒气泡的极限上升速度(m/s)；

F_θ、F_a——定义的井斜角倍乘因子和流动通道几何形状因子，分别为

$$F_\theta = \sqrt{\sin\theta_w}\ (1 + \cos\theta_w)^{1.2} \tag{4-14}$$

$$F_\alpha = 1 + \frac{0.29D_i}{D_o} \tag{4-15}$$

式中，θ_w——井斜角(rad)；

D_i——流动通道内径(m)；

D_o——流动通道外径(m)。

Hasan 和 Kabir 指出防止液滴回落速度采用 Taitel 的研究结果，在此结合现场普遍认为的"防止液体回落速度大约为 Taitel 公式计算结果的 1/3"，故采用椭球型模型来代替原模型中的圆球型模型，得到的防止液滴回落速度为[4]

$$v_{gc} = 1.413\left[\frac{gD(\rho_1 - \rho_g)}{\rho_g^2}\right]^{\frac{1}{4}} \tag{4-16}$$

式中，v_{gc}——防止气流中液体回落的最小气流速度(m/s)。

Hasan 和 Kabir 给出在不同流型下漂移模型中的分布系数 C_o 和气相漂移速度 v_∞ 的取值，如表 4-2 所示。

表 4-2　不同流型下分布系数 C_o 和气相漂移速度 v_∞ 的取值

流型	分布系数 C_o	气相漂移速度 v_∞
泡状流/分散泡状流	1.2	$v_{\infty b}$
段塞流	1.2	$\bar{v}_\infty$
搅动流	1.15	$\bar{v}_\infty$
环状流	1.0	0

其中，考虑到段塞流流型是由泰勒气泡和液塞构成，其气相漂移速度应是气泡在泡状流中的极限上升速度和泰勒气泡的上升速度的加权平均，通过下式进行计算：

$$\bar{v}_\infty = v_{\infty b}\left[1 - e^{-0.1v_{gb}/(v_{sg}-v_{gb})}\right] + v_{\infty T}e^{-0.1v_{gb}/(v_{sg}-v_{gb})} \tag{4-17}$$

式中，v_{gb}——从泡状流转变为段塞流的表观气体流速(m/s)，见式(4-18)。

搅动流的气相漂移速度也通过式(4-17)来计算。

4. 流型判定准则

1）泡状流到段塞流的转变

当气液两相中气量较小时，气体以单个小气泡的分散形式存在于液相中，在这种情况下，气泡通常聚积在管道的中部，并且气泡的流速大于液体的流速，这种气液两相流动型态即为泡状流。Zuber 和 Findlay、Hasan 和 Kabir 等的大量实验均证实：当持气率

大于 0.25 时，单个气泡就无法自由地存在于液相中，而会碰撞、聚积形成大气泡，当参与碰撞和聚积的小气泡达到某一程度时，流型就从泡状流转变为了段塞流。同时，Hasan-Kabir 指出，对于圆管泡状流流型下，分布系数 C_0 取值 1.2。同时考虑到井斜对气体流速的影响，提出从泡状流转变为段塞流的表观气体流速：

$$v_{gb} = (0.43 v_{sl} + 0.36 v_{\infty b}) \sin \theta_w \qquad (4\text{-}18)$$

由此得到泡状流的判定准则为

$$v_{sg} < v_{gb} \qquad (4\text{-}19)$$

$$v_{\infty b} < v_{\infty T} \qquad (4\text{-}20)$$

2）泡状流到分散泡状流的转变

当产出流体流量过大时，过高的流速会导致形成的大气泡破碎为小气泡，因此当持气率大于 0.25 时，也可能不会形成段塞流，而形成分散泡状流。该项理论是由 Barnea 提出的，其转变条件为

$$2 v_{ms}^{1.2} \left(\frac{f}{2D} \right)^{0.4} \left(\frac{\rho_1}{\sigma} \right)^{0.6} \sqrt{\frac{0.4\sigma}{g(\rho_1 - \rho_g)}} = 0.725 + 4.15 \sqrt{\frac{v_{sg}}{v_m}} \qquad (4\text{-}21)$$

式中，v_{ms}——从泡状流转变为分散泡状流的最小混合流体流速(m/s)。

当混合流速 v_m 大于 v_{ms} 时，即可实现从泡状到分散泡状流的转换。

3）分散泡状流到搅动流的转变

当气体流速过高，且持气率 ϕ_g 大于 0.52 时，分散的小气泡就开始聚集起来，流型转变为搅动流。分散泡状流与搅动流之间的转换条件为

$$v_{sg} = 1.08 v_{sl} \qquad (4\text{-}22)$$

4）向环状流的转变

向环状流的转变主要是考虑为防止气流中的液体回落而确定的最小气体流速，转换条件为

$$v_{sg} > v_{gc} \qquad (4\text{-}23)$$

同时，考虑到在流型下，气体集中在油管中心，液体以液膜形式存在于管壁处，若液量过大，气体携带液体能量不足，则液滴将下落、聚积，并形成液桥，最终成为段塞流或搅动流。实验表明，要防止上述情况发生，还需满足"持气率 ϕ_g 大于 0.7"的条件。

5）流型过渡平滑准则

考虑到流型过渡时从一个流型过渡到另一个流型会引起数据震荡，因此引入流型过渡平滑准则，对分布系数 C_0 进行加权处理，泡状流、段塞流的分布系数 C_0 同表中所列值相同，其余流型通过加权得到。

搅动流流型分布系数 C_0 加权公式为

$$C_0 = 1.2 [1 - e^{-0.1 v_{ms}/(v_m - v_{ms})}] + 1.15 e^{-0.1 v_{ms}/(v_m - v_{ms})} \qquad (4\text{-}24)$$

环状流流型分布系数 C_o 加权公式为

$$C_o = 1.15[1 - e^{-0.1v_{gc}/(v_{sg}-v_{gc})}] + 1.0e^{-0.1v_{gc}/(v_{sg}-v_{gc})} \tag{4-25}$$

4.2.3　常用气液两相管流模型介绍

自 1963 年 Duns 和 Ros 提出气液两相管流经验模型至今，研究者们提出了各类气液两相管流模型。按是否划分流型来看，这些模型可以分为划分流型和不划分流型两类；按是否具有理论基础，这些模型可以分为经验模型和机理模型两类。

表 4-3 列出了常用气液两相管流模型。

有学者对表 4-3 中的部分模型进行过评价分析，如 Lawson(1974)、陈家琅(1991)、Chokshi(1996)、Gabor(2001)。他们的评价分析结果差异较大。

表 4-3　常用气液两相管流压降模型汇总

	模型	流型划分	压降模型
经验模型	Duns-Ros (1963)	经验公式	以无因次气相速度数、液相速度数、管径数和液相黏度数四个无因次量来划分流型。该模型是基于不含水的气、油混合液体所归纳出的，但在部分条件下，也可用于含水的气油混合管流压降计算
	Hagendorn-Brown (1965)	/	对于气液混合物摩阻系数，通过结合雷诺数和 Moody 图版进行计算；对于持液率，Hagendorn 和 Brown 通过实验数据建立了三条与持液率相关曲线，适用于产水气井
	Orkiszewski (1967)	经验公式	对比各个两相流压降模型的基础上，通过对现场的 148 口油井的实际数据，对这些压降模型进行了综合评判
	Beggs-Brill (1973)	经验公式	将空气和水混合物在长度为 15m 的倾斜透明管中进行了大量的实验，总结出气液两相倾斜管流的摩阻系数和持液率的求取方法，适用于气液两相倾斜管流压降模型
	Gray (1978)	/	基于凝析气井数据归纳得到的模型，虽然该模型的各项经验参数是根据对凝析气井井筒数据拟合而得，但同样可以将该模型运用到垂直、倾斜多相流井筒压降计算之中
	Mukherjee-Brill (1985)	经验公式	与 Beggs-Brill 模型相似
理论模型	Aziz (1972)	机理模型	基于漂移模型推导了在泡状流和段塞流流型下的持气率计算方法，并给出相应的摩阻系数计算方法。其他流型下计算方法同 Duns-Ros 方法
	Ansari (1994)	机理模型	基于漂移模型计算泡状流压降，基于单元体模型计算段塞流、搅动流压降，基于分相流模型计算环状流压降
	Hasan-Kabir (2010)	机理模型	全部流型下的持气率均基于漂移模型计算

4.2.4　两相管流模型评价

通过文献中的测压数据对以上模型进行评价，评价指标为相对误差离散程度。

1. 评价模型

通过计算井底流压的百分标准差 σ 来评价两相管流计算模型计算结果的相对误差离

散程度。百分标准差 σ 计算方法如下：

$$\sigma = \sum_{i=1}^{n} \sqrt{\frac{(e_{ri} - E)^2}{n-1}} \times 100\% \qquad (4\text{-}26)$$

式中，E 为平均百分误差：

$$E = \left(\frac{1}{n}\sum_{i=1}^{n} e_{ri}\right) \times 100\% \qquad (4\text{-}27)$$

e_{ri} 为每组计算数据与实测数据的百分误差：

$$e_{ri} = (\Delta p_{ci} - \Delta p_{mi})/\Delta p_{mi} \qquad (4\text{-}28)$$

式中，Δp_c——计算井底流压(MPa)；

$\quad\quad \Delta p_m$——实测井底流压(MPa)；

$\quad\quad i$——第 i 口井。

2. 基础数据来源

数据来源于刊载于 SPE 的两篇文献[5,6]，文献共统计了 152 口井别的 152 组测压数据。数据的取值范围如表 4-4 所示。

表 4-4　测压数据参数范围

参数名	取值范围
产油量/(m³·d⁻¹)	0~263.910
油比重(无量纲)	0.552~0.931
产水量/(m³·d⁻¹)	0~318.680
产气量/(m³·d⁻¹)	13032~776242
气比重(无量纲)	0.573~0.884
含水率(无量纲)	0~1.0
气液比/(m³·m⁻³)	151~200878
气油比/(m³·m⁻³)	696~200878
井深/m	1121~6539
油管内径/m	0.0409~0.1119
测试井口压力/MPa	3.0207~65.0897
测试井底流压/MPa	4.5034~82.0000
测试井口温度/℃	7.78~86.67
测试井底温度/℃	35.56~161.11

3. 评价结果

通过编译的两相管流模拟软件，对上文提到的包括改进的 Hasan-Kabir 模型在内的 9 种两相管流模型进行评价，绘出各两相管流模型计算井底流压与实际测试井底流压的对比图，如图 4-2 所示。评价结果如表 4-5 所示，同时表 4-5 中也列出了气液比小于 2000m³/m³ 的各数据进行相应的评价结果。

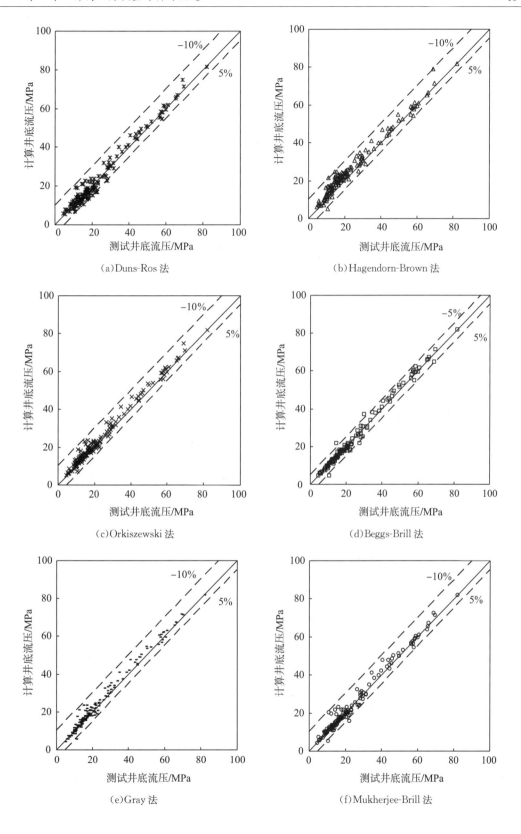

（a）Duns-Ros 法

（b）Hagendorn-Brown 法

（c）Orkiszewski 法

（d）Beggs-Brill 法

（e）Gray 法

（f）Mukherjee-Brill 法

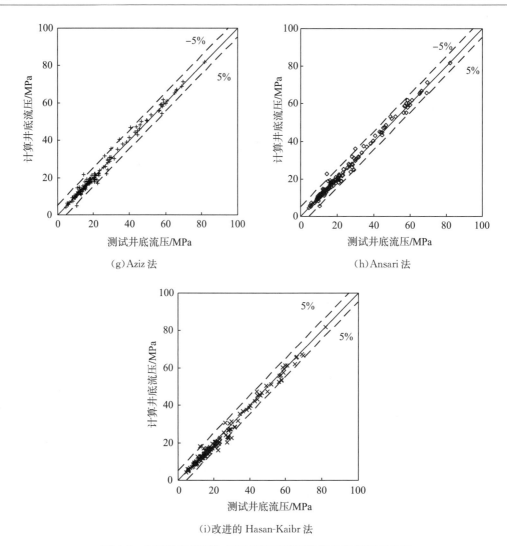

（g）Aziz 法　　　　　　　　　　　　　　（h）Ansari 法

（i）改进的 Hasan-Kaibr 法

图 4-2　实测井底流压与各两相管流模型计算井底流压对比图

表 4-5　基两相管流模型评价结果

模型	基于 SPE 文献 152 组测压数据		基于 SPE 文献气液比小于 2000 共 27 组测压数据	
	百分标准差	排名	百分标准差	排名
Duns-Ros	1.4326	8	0.2538	6
Hagendorn-Brown	0.6412	2	0.1380	2
Orkiszewski	1.6401	9	0.3624	9
Beggs-Brill	1.1377	7	0.2515	5
Gray	0.6061	1	0.1365	1
Mukherjee-Brill	0.9969	6	0.2813	8
Aziz	0.9108	5	0.2751	7
Ansari	0.7007	4	0.1601	3
改进的 Hasan-Kabir	0.6718	3	0.2157	4

　　基于以上评价结果，152 组测压数据评价中，计算百分标准差最小的是 Gray 模型，其次是 Hagendorn-Brown 模型，再次是改进的 Hasan-Kabir 模型。气液比小于 2000m³/m³ 的测压数据的评价中，百分标准差最小的是 Gray 模型，其次是 Hagendrorn-Brwon 模型，再次是 Ansari 模型，然后是改进的 Hasan-Kabir 模型。在这里需要说明的是，Gray 模型本身是基于凝析油气体系提出的经验模型，而 152 组测压数据中有相当于部分是对凝析油气井的测试数据，因此该模型在本次评价中具有很高的计算精度；Hagendorn-Brown 模型同样也为经验模型，大量的实例表明该模型的计算精度较高；改进的 Hasan-Kabir 和 Ansari 模型为机理模型，从评价结果分析，前者在广泛的数据域范围内具有更好的计算精度。从模型理论基础与计算精度两者综合考虑，推荐采用改进的 Hasan-Kabir 模型进行两相管流压降计算。

参 考 文 献

[1] 杨继盛. 采气实用计算[M]. 北京：石油工业出版社，1994：1—48.

[2] 郭冀义，等. 天然气井流计算及试井理论分析[M]. 北京：石油工业出版社，2008：85—86.

[3] Zuber N, Findlay J A. Average volumetric concentration in two-phase flow systems[J]. Journal of Heat Transfer, 1965，87(4)：453—468.

[4] 李闽，郭平，张茂林，等. 气井连续携液模型比较研究[J]. 断块油气藏，2002，9(6)：39—41.

[5] Govier G W. Fogarasi M. Pressure drop in wells producing gas and condensate[J]. PETSOC Journal Paper, 1975：28—41.

[6] Rendeiro C M，Kelso C M. An investigation to improve the accuracy of calculating bottomhole pressures in flowing gas wells producing liquids[C]. Permian Basin Oil and Gas Recovery Conference. Society of Petroleum Engineers, 1988：321—330.

第 5 章　井筒温度与压力耦合模型
程序实现及其应用

本章根据第 3 章井筒瞬态温度模型、第 4 章井筒压力模型的研究成果，通过编程实现井筒温度压力的耦合，并进行相关求解、敏感性分析和实例应用。

5.1　模型程序编译

5.1.1　程序编译器选择

Visual Basic 6.0 是一款基于可视化组件的程序编译器，它具有界面直观、语法简单、易于阅读等优点。MATLAB 2011a 是一款基于数学运算的程序编译器，在矩阵计算、数值计算方面有一定的优势。考虑到软件可视化需求较高，以及需要计算复杂函数（如 Bessel 函数），并且考虑到 MATLAB 具有的优秀 3D 显示输出功能，特采用 Visual Basic 6.0 作为程序主编译器，将 MATLAB 的部分功能（如高级函数功能、3D 显示功能）通过 COM 接口生成 dll 封装文件，并通过 Visual Basic 6.0 调用处理，以完成整个模型的编译工作。

5.1.2　井筒瞬态温度压力模型耦合思路

井筒瞬态温度模型和井筒单相、两相压力模型是基于热传导方程、能量守恒方程和动量守恒方程得到的，在模型的计算中需要用到流体的各类物性参数，而流体的各类物性参数与流体温度压力有关。具体来说：①井筒温度模型的计算需要已知压力数据和流体物性参数，而计算出的井筒温度会对井筒压力和流体物性参数产生反作用；②井筒压力模型的计算需要已知温度数据和流体物性参数，而计算出的井筒压力会对井筒温度和流体物性参数产生反作用；③流体物性参数的计算需要已知井筒温度和井筒压力，而计算出的流体物性参数会对井筒温度和井筒压力产生反作用。图 5-1 展示出三者关系。

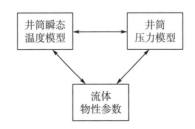

图 5-1　井筒瞬态温度模型、压力模型和流体物性参数关系图

以上三者模型无法联立求解，采用数值逼近的思路进行耦合求解——假定一组初值，带入模型中求解，将结果与假设初值做比较，若不满足精度要求，则把该计算结果赋值给计算初值，并进行下一次计算、比较，直至达到计算精度。

5.1.3　程序流程及流程图

程序具体流程如下(图 5-2)。

(1)程序开始，读取参数。

(2)根据计算区域的参数，对模型进行井筒网格划分、计算时步划分等初始工作。

(3)假设井筒初始压力为静气柱(静液柱)压力、井筒初始温度为地温。

(4)以初始井筒压力、温度参数计算井筒初始时刻的各流体物性参数。

(5)更新计算时步。

(6)对井筒温度 T_{ini}、压力 p_{ini} 赋初值，即为上一时步的井筒温度、压力值。

(7)从井口开始，由井口至井底，分段进行井筒压力计算：

①判断产出流体性质，确定采用单相压力模型或两相压力模型进行计算；

②结合网格 i 的温度 T_i、压力 p_i，通过相关公式计算网格 i 内的流体物性参数，并按压力模型计算网格 $i+1$ 压力 p_{i+1}；

③取网格 i 的压力 p_i 与步骤②中计算的网格 $i+1$ 的压力 p_{i+1} 的平均值，再次计算网格 i 内的流体物性参数，并按压力模型计算网格 $i+1$ 的压力 p_{i+1}；

④将新计算的网格 $i+1$ 的压力值 p_{i+1} 与之前计算出的 p_{i+1} 做对比，若不满足计算精度要求，则将新计算的网格 $i+1$ 的压力值 p_{i+1} 赋值给 p_{i+1}，重复③~④步，直至满足精度要求；

⑤在网格 $i+1$ 的压力 p_{i+1} 达到计算精度后，计算网格下移，即 $i=i+1$，重复②~④步，直至计算至井底处；

⑥完成井筒压力剖面计算 p_{late}。

(8)以更新的井筒压力数据 p_{late} 和初始井筒温度 T_{ini}，从井底开始，由井底至井口，分段进行井筒瞬态温度计算：

①由网格 i 的压力 p_i 和温度 T_i，计算网格 i 的流体热物性相关参数；

②由流体热物性参数和井筒参数，调用 MATLAB 函数计算与生产时间相关的无因次时间函数 f_{tD}；

③通过井筒瞬态温度模型计算网格 $i-1$ 的温度值；

④计算网格上移，即 $i=i-1$，重复①~③步，直至计算至井口；

⑤完成井筒温度剖面计算 T_{late}。

(9)分别比较更新的井筒温度 T_{late} 与初值温度 T_{ini}，更新的井筒压力 p_{late} 与初值压力 p_{ini} 是否满足精度要求，若不满足，则将 T_{late} 赋值给 T_{ini}、p_{late} 赋值给 p_{ini}，重复进行(7)~(9)步；若满足精度要求，且未计算至最后时间步，则重复(5)~(9)步。

(10)计算完整个时步，调用 MATLAB 函数进行各参数 3D 显示、保存数据等工作。

(11)程序结束。

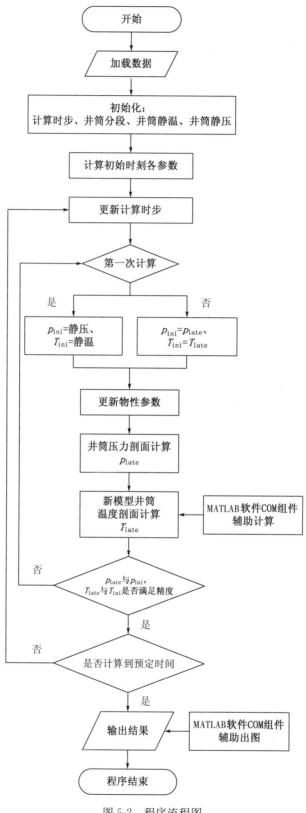

图 5-2　程序流程图

5.1.4　程序界面介绍及功能介绍

程序详细参数如表 5-1 所示。

表 5-1　程序详细参数

项目	内容
硬件环境	CPU：任意 Intel 或 AMD x86 系列处理器 内存：1GB 以上 硬盘空间：10GB 以上
软件环境	Win XP SP3、Win XP(64 位)SP2 及其以上 Microsoft Visual Basic 6.0 MATLAB 2011a
有效代码	4817 行
窗体数	7 个
模块数	4 个
Dll 函数文件	2 个
模块函数	130 个
事件响应数	96 组

其中 6 个窗体文件如下所述。

1. 主窗体

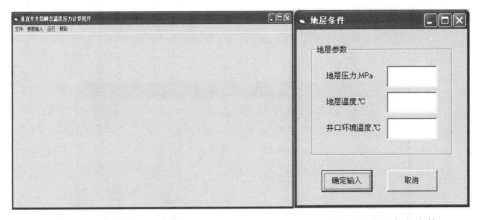

图 5-3　主窗体　　　　　　　　　　图 5-4　地层条件窗体

主窗体文件由一个菜单构成，包含"文件"、"参数输入"、"运行"和"帮助"四个
菜单选项。其中"文件"菜单包括对模型参数的保存、打开等功能。"参数输入"菜单里
包括"地层条件"、"井身结构"、"流体组分模型"和"计算控制器"四个选项，每一个
选项分别打开相应窗体文件，以供相关参数输入。"运行"菜单具有控制输入生产数据及
模型计算、绘图、导出功能。"帮助"菜单为本软件的技术说明(图 5-3)。

2. 地层条件窗体

地层条件窗体包含程序计算所需要的与地层条件相关的参数，包括：地层压力、地
层温度和井口环境温度(图 5-4)。

3. 井身结构窗体

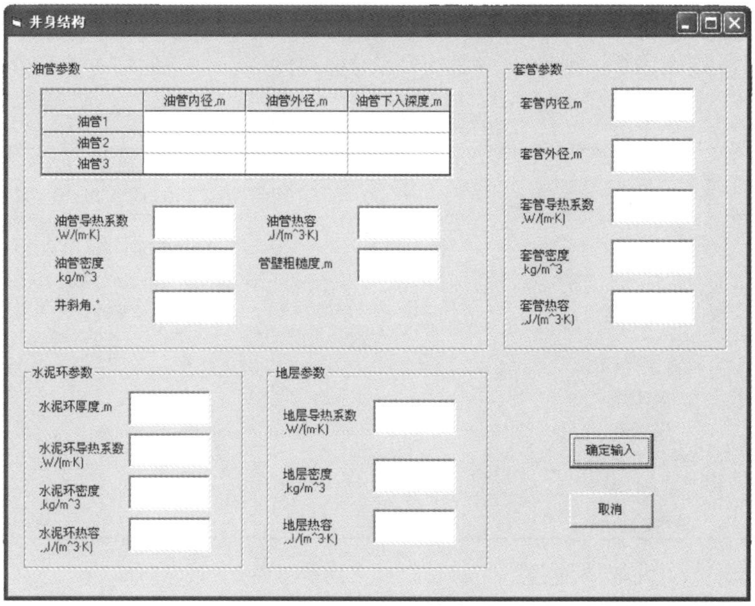

图 5-5　井身结构窗体

　　井身结构窗体包含程序计算所需要的与井身结构相关的各类油管、套管、水泥环和地层的参数，包括油套管结构、属性、水泥环属性和地层属性等(图 5-5)。

4. 流体组分窗体

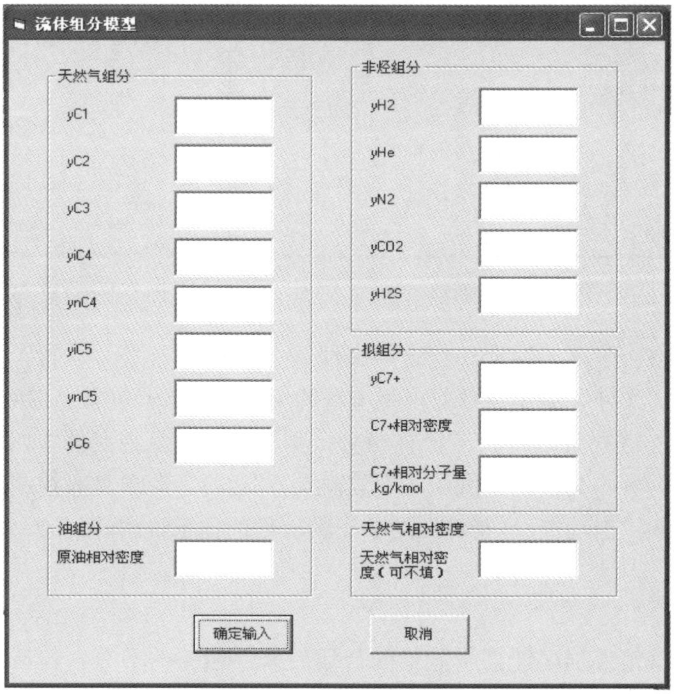

图 5-6　流体组分窗体

流体组分窗体包含程序计算所需要的与流体性质相关的参数，通过组分数据来计算流体的各类物性参数(图 5-6)。

5.计算控制器窗体

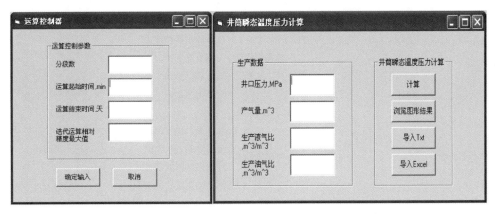

图 5-7　运算控制器窗体　　　　　图 5-8　井筒瞬态温度压力计算窗体

运算控制器窗体内容是程序运行过程中运行控制、判断的依据来源，它决定程序的计算精度和运行时间(图 5-7)。

6.井筒瞬态温度压力计算窗体

井筒瞬态温度压力计算窗体包含对生产数据的输入及计算、出图、导出功能(图 5-8)。

7.浏览图形结果窗体

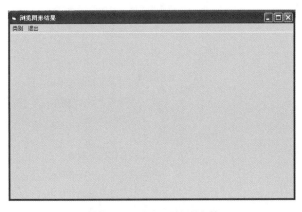

图 5-9　浏览图形结果窗体

从"井筒瞬态温度压力计算窗体"中点击"计算"，完成对井筒瞬态温度压力的计算后，点击"浏览图形结果"即可打开"浏览图形结果"窗体，该窗体文件调用 MATLAB 的 COM 接口生成的 dll 函数文件，调用 MATLAB 3Dplot 模块做 3D 出图(图 5-9)。可以显示的 3D 出图参数，如图 5-10 所示。

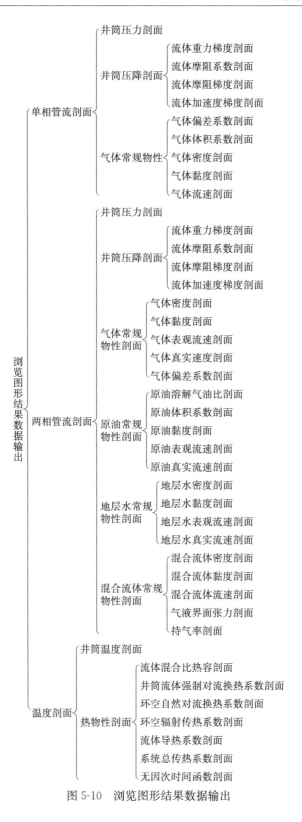

图 5-10　浏览图形结果数据输出

5.2　模型对比与验证

本书提出的井筒瞬态温度压力耦合模型在原有模型基础上做了一定的创新，需对模型的正确性进行验证。本节先后开展模型与常用商业软件的对比验证、模型耦合的必要性验证以及模型与其他常用模型的对比验证研究工作。

5.2.1　与商业软件的对比验证

目前常用的井筒温度压力剖面计算软件包括：Schlumberger 公司的 PIPESIM 软件、OLGA 软件，COMSOL 公司的 COMSOL 软件，ANSYS 公司的 ANSYS 软件及 SIMSIC 公司的 PIPEPHASE 软件等。其中 PIPESIM 和 PIPEPHASE 是基于稳定流动的计算软件，OLGA、COMSOL、ANSYS 均是基于不稳定流动的计算软件，这三种软件采用的数值模拟方法均为有限元法。

下面，采用在油气井生产过程中经常运用到的稳态模拟软件 PIPESIM 和非稳态模拟软件 COMSOL 来验证本模型的正确性。

1. 与稳态流商业软件的对比验证

PIPESIM 软件是 Schlumberger 公司开发的一款多相流稳态模拟计算软件，该软件主要功能有：流体 PVT 性质计算、井筒稳态温度压力计算、节点分析、举升设计、地面管网设计等。

通过 PIPESIM 的"压力/温度剖面"模块进行相关计算，并与本模型计算结果进行对比。基础参数如表 5-2 所示。

表 5-2　模拟计算参数表

参数	数值	参数	数值
地层压力	60MPa	套管比热容	$406.5 J \cdot m^{-3} \cdot K^{-1}$
地层温度	150℃	水泥环厚度	0.037m
井口环境温度	20℃	水泥环导热系数	$1.1 W \cdot m^{-1} \cdot K^{-1}$
油管测深	5000m	水泥环密度	$2500 kg \cdot m^{-3}$
油管内径	0.062m	水泥环比热容	$879.2 J \cdot m^{-3} \cdot K^{-1}$
油管外径	0.073m	地层导热系数	$2 W \cdot m^{-1} \cdot K^{-1}$
油管导热系数	$40 W \cdot m^{-1} \cdot K^{-1}$	地层密度	$2600 kg \cdot m^{-3}$
油管密度	$7800 kg/m^3$	地层比热容	$1090 J \cdot m^{-3} \cdot K^{-1}$
油管比热容	$406.5 J \cdot m^{-3} \cdot K^{-1}$	产气量	$500000 m^3 \cdot d^{-1}$
油管粗糙度	0.01524mm	生产液气比	0.00171
套管内径	0.178m	井口压力	30MPa
套管外径	0.203m	甲烷含量	0.90
套管导热系数	$40 W \cdot m^{-1} \cdot K^{-1}$	乙烷含量	0.04
套管密度	$7800 kg/m^3$	二氧化碳含量	0.06

以上数据通过 PIPESIM 的"压力/温度剖面"模块计算，并与本模型的计算结果相对比，井筒温度剖面对比如图 5-11 所示。

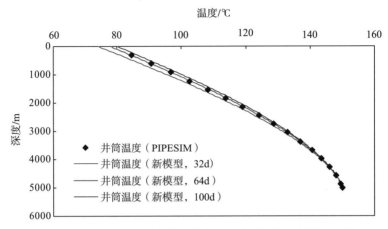

图 5-11　PIPESIM 计算井筒温度剖面与本模型计算结果对比图

上图做出了 PIPESIM 软件计算的井筒温度剖面，以及本模型在开井生产 32d、64d 和 100d 时计算的井筒温度剖面。从图 5-11 中可以看出：

(1)32d、64d 和 100d 条件下的井筒温度剖面略有差异，这是因为温度传导很难达到稳态条件，随着生产时间的增加，井筒温度逐渐升高，但增加的幅度逐渐变小；

(2)PIPESIM 软件计算出的井筒温度剖面与新模型计算的井筒温度剖面趋势相同，且与 64d 的计算剖面拟合精度最高，通常认为井筒温度达到稳定条件，一般需要一个月以上，该对比也验证了这一点。

综上所述：本模型在生产时间较大情况下的井筒温度剖面计算结果与目前行业内广泛认同并采用的稳态计算软件结果相近，达到了足够的计算精度。

由于井筒压力相对于温度更容易达到稳定状态，压力随时间的变化主要体现在井筒温度变化引起的流体物性参数变化，进而引起压力发生变化，但这种变化不如温度随时间变化更剧烈。表 5-3 是 PIPESIM 计算井筒压力剖面和本模型的计算结果。

表 5-3　PIPESIM 与本模型计算井筒压力剖面对比

井深/m	计算井筒压力/MPa			
	PIPESIM	本模型(32d)	本模型(64d)	本模型(100d)
0	30.0000	30.0000	30.0000	30.0000
500	31.6524	31.6311	31.6309	31.6274
1000	33.3048	33.2621	33.2619	33.2551
1500	34.9571	34.8935	34.8933	34.8836
2000	36.6095	36.5255	36.5254	36.5135
2500	38.2619	38.1587	38.1586	38.1449
3000	39.9143	39.7935	39.7934	39.7784
3500	41.5667	41.4306	41.4305	41.4145
4000	43.2190	43.0705	43.0705	43.0539
4500	44.8714	44.7143	44.7143	44.6974
5000	46.5238	46.3631	46.3630	46.3461

从表中可以看出，井筒压力计算值都相当接近，采用本模型计算的 32d 的井筒压力数据与 PIPESIM 软件计算结果最为接近，相对误差仅 0.35%，误差最大的 100d 的相对误差也仅 0.38%。上述结果也证明了本模型在生产时间较大情况下的井筒压力剖面计算结果与目前行业内广泛认同并采用的稳态计算软件结果相近，达到了足够的计算精度。

2. 与非稳态流商业软件的对比验证

COMSOL 软件是 COMSOL 公司出品的一款模拟多物理场耦合的有限元软件，该软件有热传递计算模块，可以用于模拟生产过程中油管内的传热过程。软件所采用的参数见表 5-2，COMSOL 软件计算的生产时间分别为 0.1h、1h 和 1d 的井筒温度剖面图和井筒压力剖面图，如图 5-12、图 5-13 所示。

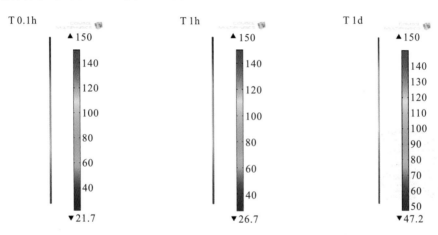

图 5-12　COMSOL 软件计算生产时间为 0.1h、1h、1d 时的井筒温度剖面

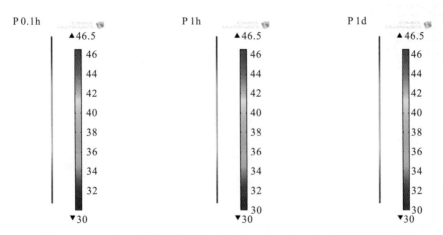

图 5-13　COMSOL 软件计算生产时间为 0.1h、1h、1d 时的井筒压力剖面

将 COMSOL 计算出非稳态生产时期的井筒温度剖面与本模型计算数据进行对比，如图 5-14 所示。从图中可以看出，在 0.1h、1h 和 1d 生产时间的井筒温度模拟过程中，COMSOL 模拟结果与本模型的计算结果趋势相同、数值接近，说明采用本模型进行瞬态温度计算具有较高的精度。

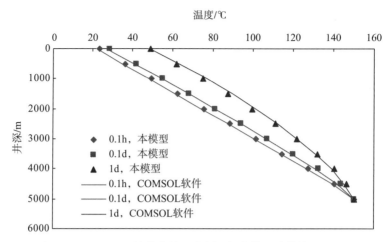

图 5-14   COMSOL 计算井筒温度剖面与本模型计算结果对比图

表 5-4 展示了在非稳态生产时期的井筒压力剖面对比数据。

表 5-4   COMSOL 与本模型计算井筒压力剖面对比

井深/m	计算井筒压力/MPa					
	COMSOL (0.1h)	COMSOL (1h)	COMSOL (1d)	本模型 (0.1h)	本模型 (1h)	本模型 (1d)
0	30.0000	30.0000	30.0000	30.0000	30.0000	30.0000
500	31.7074	31.6948	31.6583	31.6491	31.6473	31.6469
1000	33.4034	33.3797	33.3117	33.3081	33.2946	33.2937
1500	35.0900	35.0564	34.9612	34.9872	34.9419	34.9406
2000	36.7690	36.7265	36.6079	36.6663	36.6092	36.5875
2500	38.4414	38.3910	38.2526	38.3453	38.2865	38.2344
3000	40.1084	40.0508	39.8961	40.0244	39.9639	39.8812
3500	41.7708	41.7067	41.5393	41.7035	41.6412	41.5281
4000	43.4293	43.3595	43.1832	43.3825	43.3185	43.1750
4500	45.0844	45.0104	44.8291	45.0616	44.9958	44.8218
5000	46.7373	46.6618	46.4788	46.7407	46.6731	46.4687

从上表可以看出，采用 COMSOL 软件计算的不同生产时间的压力剖面计算结果与本模型计算结果较为接近，不同时间下的最大相对误差范围为 $-0.02\%\sim0.07\%$，说明采用本模型进行瞬态压力计算具有较高的精度。

综上：通过 PIPESIM 和 COMSOL 软件分别进行稳态、非稳态验证，证明本模型在稳态、非稳态井筒温度压力剖面计算均有较高的计算精度。

5.2.2   模型耦合的必要性验证

本节研究在不耦合井筒温度模型和压力模型的条件下模型计算的结果差异。

1. 不耦合温度情况下的压力计算

以表 5-2 的参数为例，研究在不耦合温度情况下的压力计算。以地层温度作为温度值，计算井筒压力剖面，并与上一节计算出的井筒压力剖面进行对比，如图 5-15 所示。

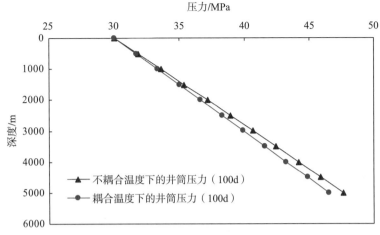

图 5-15　不耦合温度下的井筒压力与耦合温度下的井筒压力对比

不耦合井筒温度，则计算出的井筒压力剖面是与时间无关的曲线，上图取自 100d 生产时间的井筒压力剖面对比图。从图中可以看出，由于不耦合井筒温度，井筒压力的计算产生了较大的偏差，且随着井深增加，井筒压力差异变大，在井底处的相对误差达 2.4%，不同的井身结构、流体性质和生产条件，会导致该差异不同，在某些极限情况下，这种计算误差可以放到很大。究其原因，是因为流体的所有物性参数都是温度的函数，不考虑温度的变化，则计算出的物性参数失真，从而使计算的井筒压力数据失真。

2. 不耦合压力情况下的温度计算

图 5-16 是不耦合压力情况下的井筒温度剖面图。同样以表 5-2 中的参数为基础数据，以静气柱压力作为压力值，计算不同时间的井筒温度剖面，并与上一节模型计算出的温度值相对比。

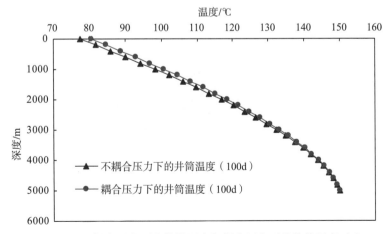

图 5-16　不耦合压力下的井筒温度与耦合压力下的井筒温度对比

由图中可以看出，不耦合压力下的井筒温度计算结果与耦合压力下的井筒温度计算结果存在一定的误差，且井口处误差最大，相对误差为 3.8%。这是因为流体的物性参数是压力的函数，不考虑压力的变化，计算出的流体物性参数失真，从而使计算的井筒温度数据失真。同时，若研究对象为低压条件，考虑到大多流体物性参数在低压情况下对压力更为敏感，则计算结果的误差将会更大。

5.2.3 与其他常用模型的对比验证

目前常用的井筒瞬态温度模型有 Ramey 模型和 Hasan-Kabir 模型。分别将本模型的瞬态温度计算结果与这两种模型进行对比，基础参数仍采用表 5-2 数据，计算结果如图 5-17～图 5-22 所示。

图组列出了开井生产从 1min 到 100d 不同时刻的三种模型计算的井筒温度剖面对比图。以开井生产初期来看：采用 Ramey 模型和 Hasan-Kabir 模型计算的井筒温度（特别是井口温度）在初期即达到高值，例如：开井生产 1min 条件下，Ramey 模型计算的井口温度值为 70℃，较开井之前上升 50℃，Hasan-Kabir 模型计算的井口温度值为 47℃，较开井之前上升 27℃，而本模型计算的井口温度值为 21.7℃，较开井之前上升 1.7℃。从现场实际可以看出：在生产的初期阶段，采用 Ramey 模型或 Hasan-Kabir 模型过高地估计了温度的传导能力，使得计算数据偏大，而本模型的计算数据与实际情况是较为符合的。

随着生产时间的逐步增加，各模型计算的井筒温度不断增加，对任意一点的井筒温度，有：Ramey 模型＞Hasan-Kabir 模型＞本模型。仅在 100d 时，Hasan-Kabir 模型计算的井筒温度剖面比本模型计算的略低。从长期生产时间（大于 10d）的井筒温度剖面来看，Hasan-Kabir 模型与本模型的计算数据较为接近，而 Ramey 模型计算数据仍然存在偏大的情况。

综上所述：在短期预测方面，Ramey 模型和 Hasan-Kabir 模型预测值均偏大，本模型预测值准确；在长期预测方面，Ramey 模型预测值仍偏大，Hasan-Kabir 和本模型预测值准确。总体来讲，本模型较 Ramey 模型和 Hasan-Kabir 有更高的预测精度。

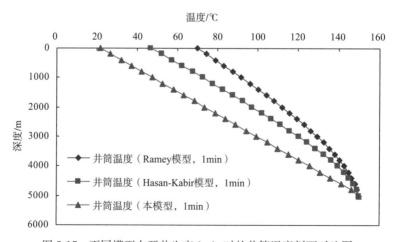

图 5-17　不同模型在开井生产 1min 时的井筒温度剖面对比图

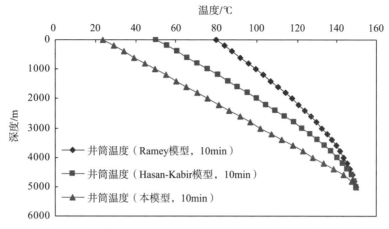

图 5-18　不同模型在开井生产 10min 时的井筒温度剖面对比图

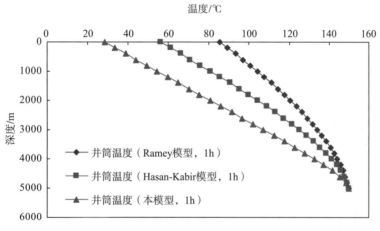

图 5-19　不同模型在开井生产 1h 时的井筒温度剖面对比图

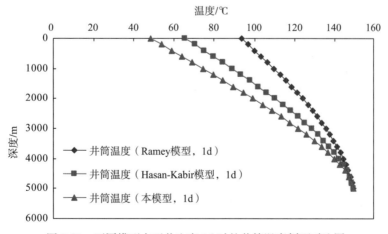

图 5-20　不同模型在开井生产 1d 时的井筒温度剖面对比图

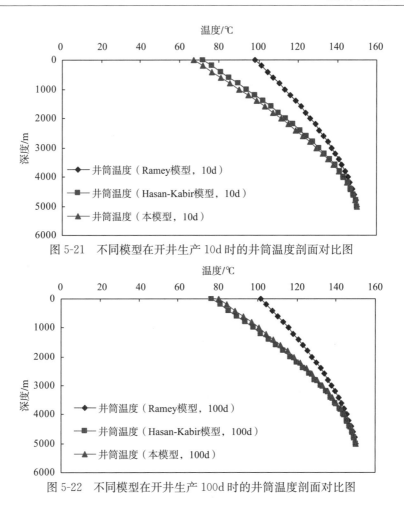

图 5-21   不同模型在开井生产 10d 时的井筒温度剖面对比图

图 5-22   不同模型在开井生产 100d 时的井筒温度剖面对比图

5.3   敏感性分析

5.3.1   模型基础参数及运算结果

以某口产水气井的基础参数(表 5-5)为例,对模型参数进行单因素敏感性分析。

表 5-5   某产水气井基础参数表

参数	数值	参数	数值
地层压力	22.63MPa	水泥环厚度	0.0543m
地层温度	97.09℃	气体相对密度	0.5864
油管测深	2713m	井口压力	7.436MPa
油管内径	0.073m	井底流压	13.077MPa
油管外径	0.089m	产气量	34603m^3/d
套管内径	0.121m	产水量	25.5m^3/d
套管外径	0.140m		

注:其余参数同表 5-2。

　　根据表 5-5 数据，作出其井筒温度、压力剖面与时间和井深的关系曲线，如图 5-23、图 5-24 所示。

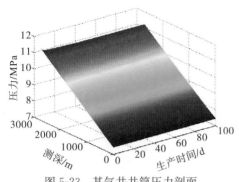

图 5-23　某气井井筒压力剖面

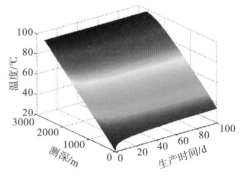

图 5-24　某气井井筒温度剖面

　　从上面的井筒温度压力剖面图中可以直观地读出不同深度、不同生产时间点的井筒温度、压力数值。就空间形态来讲，在同一时间的井筒温度和井筒压力均随着深度增加而增加；就时间形态来讲，在同一深度的井筒压力随时间增加而缓慢降低，而同一深度的井筒温度随时间增加而缓慢上升，且其数值的变化幅度都随时间增加而逐渐变小，表明了传热由瞬态逐渐趋于稳态的过程。

　　其余参数剖面如图 5-25～图 5-48 所示。

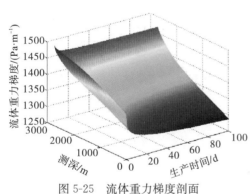

图 5-25　流体重力梯度剖面

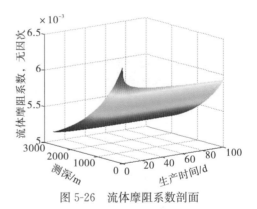

图 5-26　流体摩阻系数剖面

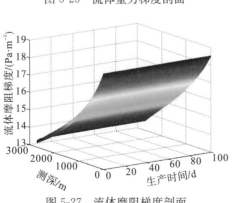

图 5-27　流体摩阻梯度剖面

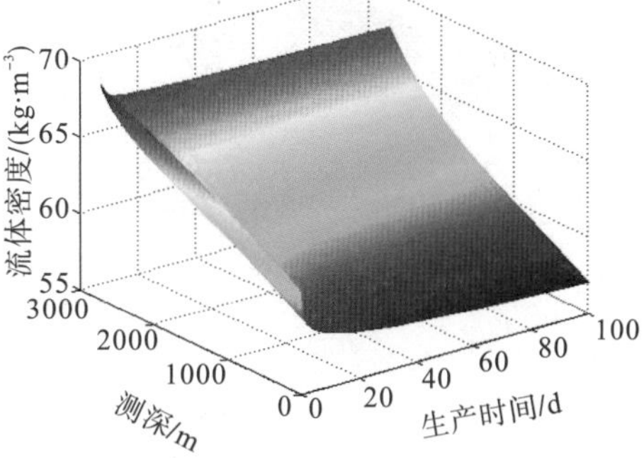

图 5-28　气体密度剖面

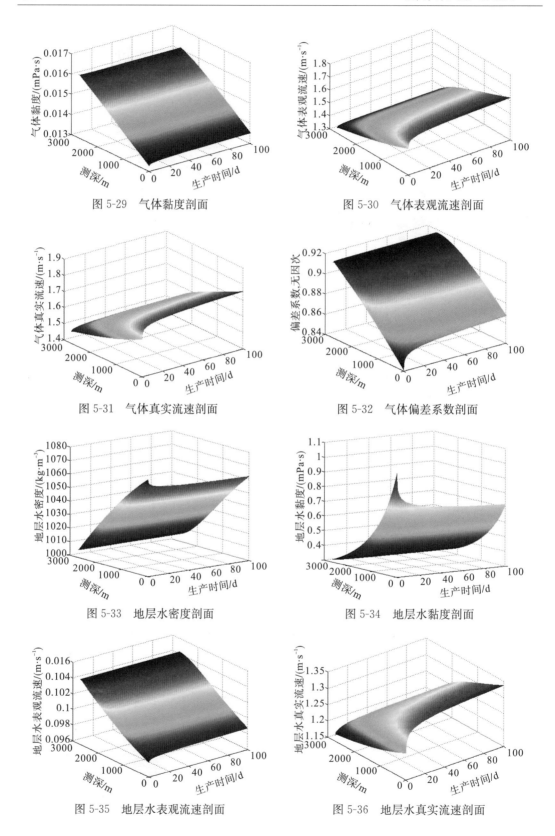

图 5-29　气体黏度剖面

图 5-30　气体表观流速剖面

图 5-31　气体真实流速剖面

图 5-32　气体偏差系数剖面

图 5-33　地层水密度剖面

图 5-34　地层水黏度剖面

图 5-35　地层水表观流速剖面

图 5-36　地层水真实流速剖面

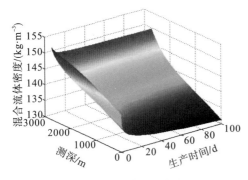

图 5-37　混合流体密度剖面

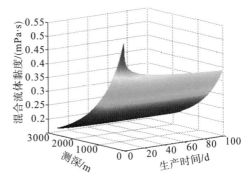

图 5-38　混合流体黏度剖面

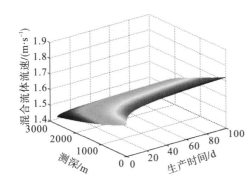

图 5-39　混合流体流速剖面

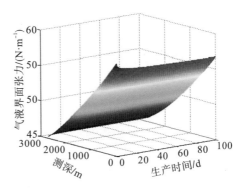

图 5-40　混合流体气液界面张力剖面

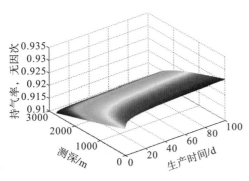

图 5-41　持气率剖面

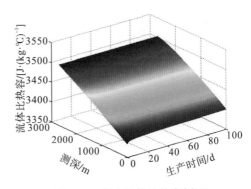

图 5-42　混合流体比热容剖面

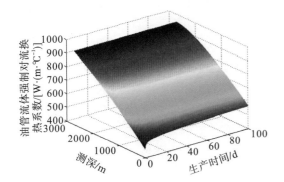

图 5-43　油管流体强制对流换热系数剖面

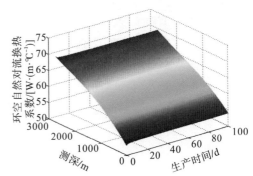

图 5-44　环空自然对流换热系数剖面

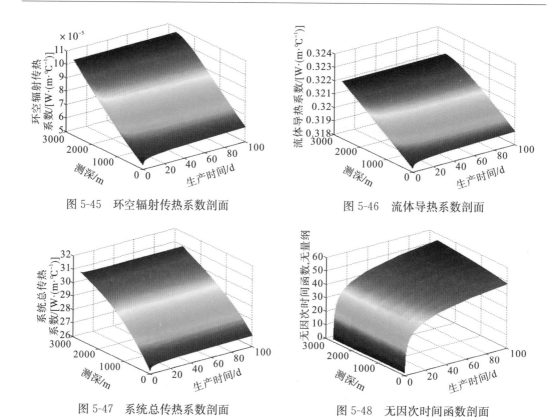

图 5-45　环空辐射传热系数剖面　　　　　　　图 5-46　流体导热系数剖面

图 5-47　系统总传热系数剖面　　　　　　　　图 5-48　无因次时间函数剖面

　　图 5-25～图 5-27 列出了流体重力梯度剖面、流体摩阻系数剖面和流体摩阻梯度剖面。从图中可以看出，在本例的参数条件下，影响压力剖面的主要因素是流体重力梯度，由于产量不大，流体与油管壁因摩擦产生的附加压力降相对有限，不是主要因素。

　　图 5-28～图 5-32 列出了气体的常规物性参数剖面，包括：气体密度剖面、黏度剖面、表观流速剖面、真实流速剖面和偏差系数剖面。气体的常规物性参数是温度、压力等参数的函数，在图中则表现为不同井深、不同时间处的数值不同。

　　由于该气井产水，在进行井筒压力计算过程中需要考虑地层水与气体相互作用的两相管流过程，故需要对地层水的常规物性参数进行相应讨论。图 5-33～图 5-36 列出了地层水密度、黏度、表观流速、真实流速剖面，从图中也可以看出，这些参数均是随井深和时间而变化的。特别是地层水黏度，其最大值和最小值相差 2.5 倍。在很多其他模型和研究中，将地层水物性参数处理为定值，这会大大降低计算精度。

　　混合流体参数的计算是两相管流压力模型的计算核心，主要是流型的判别和持气率的计算。图 5-37～图 5-40 列出了混合流体的相关物性参数剖面。从图中可以看出，混合流体物性参数随井深、时间而发生变化，且在开井生产初期的变化幅度较大。

　　混合流体比热容、油管流体强制对流换热系数、环空自然对流换热系数、环空辐射传热系数、流体导热系数这几个数值是井筒温度剖面计算的基础热物性参数。图 5-42～图 5-48 列出了这些热物性参数的剖面图。从图中可以看出：流体的热物性参数均是随井深、时间而发生变化的。在许多以往的计算过程中将此类参数均考虑为定值，这很难达到满意的计算效果。

5.3.2　生产参数的影响

1.产气量的影响

分别计算 0.5、0.75、1、2 倍原产气量在不稳定条件下(2h 内)的井口温度和井底流压,如图 5-49 和图 5-50 所示。

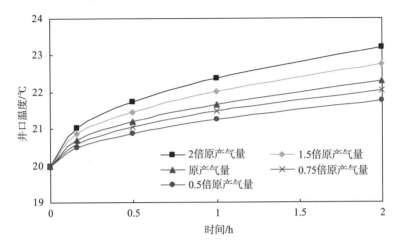

图 5-49　产气量对井口温度的影响

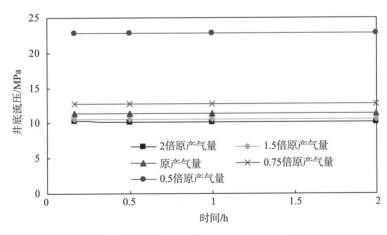

图 5-50　产气量对井底流压的影响

从图 5-49 和图 5-50 中可以看出,改变产气量而保持其余数据不变,对井口温度和井底流压计算会产生一定的影响。对同一产量,井口温度随时间增加而增加,井底流压随时间增加而降低(降低幅度在图中不明显);对同一时间,井口温度随产量增加而增加,井底流压随产量增加而降低。随着产气量增加,单位时间单位管段内流经流体携带的热量增加,从而升高了井筒温度。同时,在所研究产量范围内,压力损失主要是由流体重力产生的,产气量的增加有利于对液体的携带,降低了混合流体的密度,从而使得井底流压降低。实际上,并不一定是产量增加,井底流压就会降低,这取决于气液两相管流在该情况下究竟是重力压降为主还是以摩阻压降为主。例如,在上述产量研究的基础上再研究 4 倍、8 倍原产气量对井底流压的影响,以稳定生产(100d)的流体举升所需压差(流体举升所需压差=井底流压-井口油压),如图 5-51 所示。

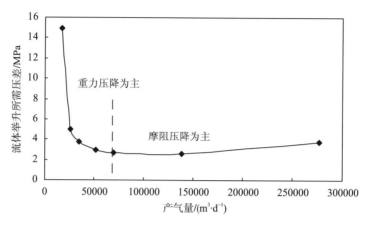

图 5-51　不同产气量下的井底流压对比

从图中可以看出,随着产气量增加,井底流压呈现"先降低,后升高"的趋势。图中所化虚线对应的产气量为转折点,小于该产气量时,井筒压降主要以重力压降为主,增大产气量,持气率变大,混合流体密度降低,从而重力压降降低,则井筒压降减小;大于该产气量时,摩阻压降占井筒压降的比重升高,增大产气量,虽然重力压降继续降低,但由高速气流导致的摩阻压降升高很快,从而导致了井筒压降升高。

2. 产水量的影响

分别计算 0.5、0.75、1、2 倍原产水量在不稳定条件下(2h 内)的井口温度和井底流压,如图 5-52 和图 5-53 所示。

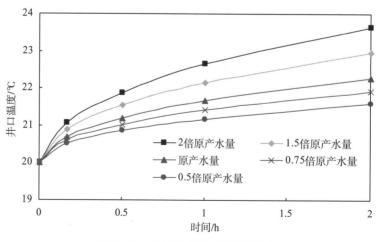

图 5-52　产水量对井口温度的影响

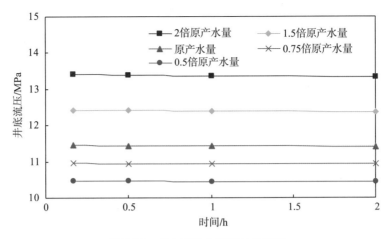

图 5-53　产水量对井底流压的影响

从图中可以直观地看出，增大产水量，井筒温度出现相应升高，井底流压也出现相应升高。这是因为产水量增加导致流体携带热能增加，则井筒温度上升；产水量增加也增加了混合流体密度，重力梯度增加，从而井筒压降增加，则相同条件下需要更高的井底流压才能将流体举升至地面。

5.3.3　流体热物性参数的影响

（1）流体比热容的影响，研究不同流体比热容对井筒温度压力剖面的影响，分别预测 0.5、1、2 倍流体比热容在生产 1h 和 100d 条件下的井筒瞬态温度剖面和压力剖面。图 5-54 为不同流体比热容下的井筒温度剖面。

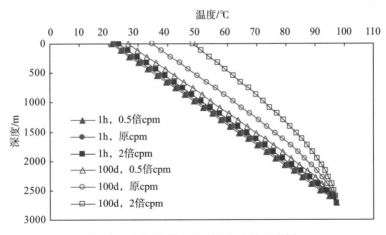

图 5-54　不同流体比热容下的井筒温度剖面

从图中可以看出，不同的流体比热容对井筒温度剖面影响很大。不管是在生产早期（1h）还是稳定期（100d），均满足"流体比热容越大，井筒温度越高"的结论。流体比热容的定义是单位质量流体每改变 1℃所释放/吸收的热量，流体比热容越高，则代表单位质量流量流体所携带的热能更高，从而导致井筒温度的上升。在长时间条件下，流体比热容对井筒温度的影响更为显著。

表5-6为在不同流体比热容下的井筒压力剖面。从表中可以看出，不同的流体比热容对井筒压力剖面的计算会产生一定的影响。

表5-6　不同流体比热容下的井筒压力剖面数据（单位：MPa）

井深/m	0.5倍流体比热容		原流体比热容		2倍流体比热容	
	0.1d	100d	0.1d	100d	0.1d	100d
0	7.4360	7.4360	7.4360	7.4360	7.4360	7.4360
217	7.7450	7.7245	7.7420	7.7067	7.7466	7.7368
434	8.0562	8.0150	8.0502	7.9800	8.0594	8.0397
651	8.3695	8.3075	8.3604	8.2559	8.3743	8.3446
868	8.6847	8.6019	8.6725	8.5346	8.6911	8.6513
1085	9.0016	8.8983	8.9863	8.8162	9.0097	8.9597
1302	9.3203	9.1967	9.3019	9.1009	9.3300	9.2698
1519	9.6406	9.4972	9.6190	9.3891	9.6519	9.5815
1736	9.9624	9.8000	9.9377	9.6810	9.9754	9.8948
1953	10.2856	10.1054	10.2577	9.9771	10.3002	10.2096
2170	10.6100	10.4139	10.5790	10.2780	10.6264	10.5262
2387	10.9357	10.7263	10.9016	10.5843	10.9537	10.8450
2604	11.2626	11.0437	11.2261	10.8969	11.2822	11.1671
2713	11.4269	11.2048	11.3898	11.0560	11.4470	11.3300

（2）流体导热系数的影响，研究不同流体导热系数对井筒温度压力剖面的影响。预测0.5、1、2倍流体导热系数在生产1h和100d条件下的井筒瞬态温度剖面和压力剖面。图5-55为不同流体导热系数下的井筒温度剖面。

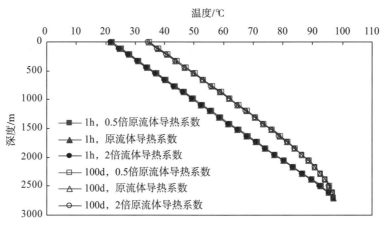

图5-55　不同流体导热系数下的井筒温度剖面

由图5-55可以看出，把流体导热系数提高2倍或缩小1/2，其在生产不稳定期和稳定期对井筒温度剖面的影响均很小，几乎可以忽略不计。井筒压力模型中并未显示含流体导热系数，只是通过流体温度来间接反映该参数对井筒压力的影响，由于流体导热系数对井筒温度的影响十分有限，故对井筒压力的影响更是可以忽略不计。通过计算也验证了以上理论观点，在此就不再予以数据展示。

(3)地层岩石导热系数的影响，探讨地层岩石导热系数对井筒温度压力剖面的影响，预测 0.5、1、2 倍地层岩石导热系数在生产 1h 和 100d 条件下的井筒瞬态温度剖面和压力剖面。图 5-56 为不同地层岩石导热系数下的井筒温度剖面。

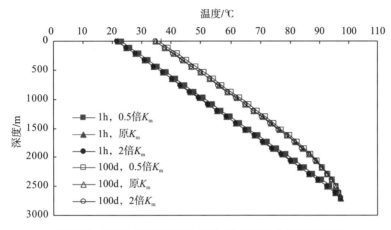

图 5-56　不同地层岩石导热系数(K_m)下的井筒温度剖面

由图 5-56 可以看出，扩大 2 倍或缩小 1/2 地层岩石导热系数，对井筒温度剖面的影响较为微弱。在生产早期(1h)时，扩大 2 倍或缩小 2 倍地层岩石导热系数，井口温度差值较原始值相差 6.3%，在生产稳定期(100d)时，扩大 2 倍或缩小 1/2 地层岩石导热系数，井口温度差值较原始值相差 4.2%。究其原因，无因次温度函数是地层导热系数的函数，地层导热系数的改变导致无因次温度函数的改变，影响非稳态热传导过程，从而对井筒温度产生影响。

但同时可以看到，该参数对于井筒温度剖面的影响相对有限，温度数值不会相差太大，因此该参数对井筒压力剖面的影响很小。

(4)水泥环导热系数的影响，探讨水泥环导热系数对井筒温度压力剖面的影响。预测 0.5、1、2 倍水泥环导热系数在生产 1h 和 100d 条件下的井筒瞬态温度剖面和压力剖面。图 5-57 为不同水泥环导热系数下的井筒温度剖面。

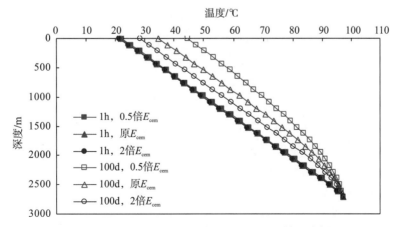

图 5-57　不同水泥环导热系数(E_{cem})下的井筒温度剖面

从图 5-57 中可以看出，改变水泥环导热系数，对井筒温度剖面影响较显著。该参数对系统总传热系数和无因次温度函数均有影响，以此来对井筒温度剖面计算造成影响。同样，该参数也是通过影响井筒温度剖面来影响井筒压力剖面，从井筒剖面可以看出：水泥环导热系数对井筒温度剖面的影响比流体比热容更小，故其对压力剖面的影响较流体比热容的影响会更为微弱，在此也就不对压力剖面数据做展示。

(5)油管流体强制对流换热系数的影响，研究不同油管流体强制对流换热系数对井筒温度压力剖面的影响。首先预测 0.5、1、2 倍油管流体强制对流换热系数在生产 1h 和 100d 条件下井筒瞬态温度剖面和压力剖面。图 5-58 为不同油管流体强制对流换热系数下的井筒温度剖面。

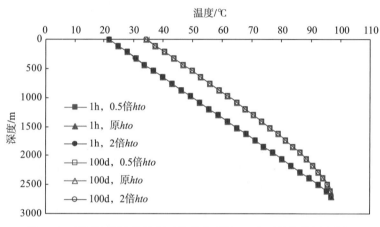

图 5-58　不同油管流体强制对流换热系数(hto)下的井筒温度剖面

从图 5-58 中可以看出，油管流体强制对流换热系数对井筒温度剖面的影响不明显，同样的，该参数也是通过影响温度数值来影响井筒压力，因此该参数对井筒压力剖面的影响将更小，可以忽略不计。

(6)环空流体自然对流换热系数的影响，下面研究环空流体自然换热系数对井筒温度压力剖面的影响。预测 0.5、1、2 倍环空流体自然对流换热系数在生产 1h 和 100d 条件下井筒瞬态温度剖面和压力剖面。图 5-59 为不同环空流体自然对流换热系数下的井筒温度剖面。

由图中可以看出，扩大 2 倍或缩小 1/2 环空流体自然对流换热系数，对井筒温度剖面具有一定的影响。在生产早期(1h)时，扩大 2 倍或缩小 1/2 环空流体自然对流换热系数，井口温度差值较原始值相差 3.7%，在生产稳定期(100d)时，扩大 2 倍或缩小 1/2 地层岩石导热系数，井口温度差值较原始值相差 19.1%。这说明了环空流体自然对流换热系数对井筒温度具有一定的影响。究其原因，环空流体自然对流换热系数是计算系统总传热系数的重要参数，该参数的改变对系统总传热系数影响较大，从而影响了松弛距离和无因次温度函数值，从而对井筒温度产生影响。

但同时可以看到，该参数对于井筒温度剖面的影响相对有限，温度数值不会相差太大，因此该参数对井筒压力剖面的影响很小。

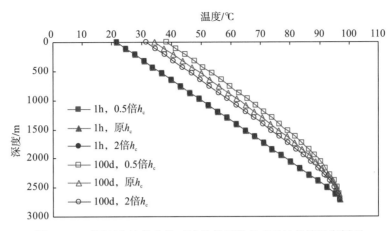

图 5-59　不同环空流体自然对流换热系数(h_c)下的井筒温度剖面

（7）环空辐射传热系数的影响，下面研究环空辐射传热系数系数对井筒温度压力剖面的影响。预测 0.5、1、2 倍环空辐射传热系数情况下的井筒瞬态温度剖面和压力剖面。图 5-60 为不同环空辐射传热系数下的井筒温度剖面。

从图中可以看出，改变环空辐射传热系数，对井筒温度剖面几乎没有任何影响，同样的，该参数也是通过影响温度数值来影响井筒压力，因此该参数对井筒压力剖面的影响也很小，可以忽略不计。

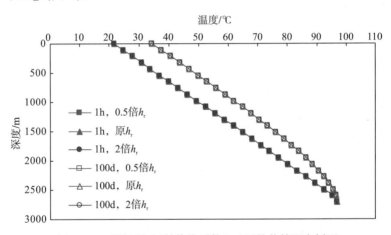

图 5-60　不同环空辐射传热系数(h_r)下的井筒温度剖面

5.3.4　敏感性分析小结

本章从生产参数、流体热物性参数方面对井筒温度压力剖面的敏感性参数进行了相关探讨。现就各参数对井筒温度压力剖面的影响能力做如下总结。

（1）生产参数方面，讨论了产气量和产水量对井筒温度压力剖面的影响。这两个参数的大小直接决定井筒流体所携带热量的大小，改变该参数，对井筒温度剖面的影响很大。同时这两个参数也决定重力梯度和摩阻梯度的大小，改变该参数，对井筒压力剖面的影响很大。

(2)流体热物性参数方面，讨论了流体比热容、导热系数、对流换热系数、辐射传热系数对井筒温度压力剖面的影响。其中，流体比热容、水泥环导热系数对井筒温度剖面的影响很大；环空流体自然对流换热系数对井筒温度剖面具有一定影响；其余参数对井筒温度剖面几乎没有影响。同时，流体热物性参数均是通过改变井筒温度剖面来影响流体物性参数，从而影响井筒压力剖面，每一步影响幅度均在"收敛"，最后反映到压力剖面上，影响程度变得相对有限了。

第 6 章 高含硫气井井筒压力温度分布预测

6.1 高含硫天然气物性参数计算模型优选

6.1.1 天然气偏差因子计算及校正

天然气偏差因子是指在一定温度压力下，真实气体体积与理想气体体积的比值。而高含硫气体中由于 H_2S 含量较高，偏差因子计算会出现偏差，因此要对高含硫气体的偏差因子计算模型作对比，得到最合适的模型。

计算天然气偏差因子的方法有很多，在实验室条件下可以进行 PVT 实验获取，进行理论研究时，有很多计算天然气偏差因子的计算公式。计算关系式主要分为两种类型：第一种是应用状态方程求解偏差因子；第二种是应用经验公式求解偏差因子。

目前较常用的状态方程法包括 PR 状态方程法和 SRK 状态方程法。经验公式法包括 Dranchuk-Purvis-Robinson（DPR）法、Hall-Yarborough（HY）法、Sarem 方法、Dranchuk-Abu-Kassem（DAK）法、Hankinson-Thomas-Phillips（HTP）法、Beggs-Brill（BB）法和李相方（LXF）法等。本章比较在计算高含硫气体时几种方法的误差。

1. 偏差因子计算模型

1）SRK 状态方程

$$p = \frac{RT}{V - b_m} - \frac{a\, a_m(T)}{V(V + b_m)} \tag{6-1}$$

$$a_m(T) = \sum_{i=1}^{n} \sum_{j=1}^{n} x_i x_j (a_i a_j a_i a_j)^{0.5} (1 - k_{ij}) \tag{6-2}$$

$$b_m = \sum_{i=1}^{n} x_x b_i \tag{6-3}$$

式中，k_{ij}——二元交互作用系数；

$a_m(T)$——混合体系平均引力常数；

R——气体普适常数[8.31MPa·cm³/(mol·K)]；

b_m——混合体系平均斥力常数；

a、b——组分物质的临界参数；

x——组分的组成；

下标 i，j——平衡混合气相和混合液相中各组分。

SRK 方程中关于偏差因子 Z 的方程可以表示为

$$Z_m^3 - Z_m^2 + (A_m - B_m - B_m^2)Z_m - A_m B_m = 0 \tag{6-4}$$

$$A_m = \frac{a_m(T)p}{(RT)^2} \quad B_m = \frac{b_m p}{RT} \tag{6-5}$$

2）PR 状态方程

$$p = \frac{RT}{V - b_m} - \frac{a_m(T)}{V(V + b_m) + b_m(V - b_m)} \tag{6-6}$$

PR 方程中关于偏差因子 Z 的方程可以表示为

$$Z_m^3 - (1 - B_m)Z_m^2 + (A_m - 2B_m - 3B_m^2)Z_m - (A_m B_m - B_m^2 - B_m^3) = 0 \tag{6-7}$$

$$A_m = \frac{a_m(T)p}{(RT)^2} \quad B_m = \frac{b_m p}{RT} \tag{6-8}$$

3）Dranchuk-Purvis-Robinson（DPR）法

1974 年，Dranchuk、Purvis 和 Robinsion 根据 Benedict-Webb-Rubin 状态方程，考虑对比温度和对比压力，推导出了带有 8 个常数（表 6-1）的计算偏差因子的经验公式：

$$Z = 1 + (A_1 + \frac{A_2}{T_{pr}} + \frac{A_3}{T_{pr}^3})\rho_r + (A_4 + \frac{A_5}{T_{pr}})\rho_r^2 + (\frac{A_5 A_6}{T_{pr}})\rho_r^5$$
$$+ \frac{A_7}{T_{pr}^3}\rho_r^2(1 + A_8\rho_r^2)\exp(-A_8\rho_r^2) \tag{6-9}$$

式中，A_i——给定系数；

P_{pr}——拟对比压力，无因次；

T_{pr}——拟对比温度，无因次。

表 6-1 DPR 方程参数

参数	参数值	参数	参数值
A_1	0.31506237	A_5	-0.61232032
A_2	-1.0467099	A_6	-0.10488813
A_3	-0.57832729	A_7	0.68157001
A_4	0.53530771	A_8	0.68446449

参考 Newton-Raphson 迭代法，求解 DPR 非线性问题。适用范围是：$1.05 \leqslant T_{pr} \leqslant 3.0$，$0.2 \leqslant P_{pr} \leqslant 30$。

4）Hall-Yarborough（HY）法

基于 Starling-Carnahan 状态方程，重新拟合 Standing-Katz 图版，得到新的经验公式：

$$Z = 0.06125(p_{pr}/\rho_r T_{pr})\exp[-1.2(1 - 1/T_{pr})^2] \tag{6-10}$$

式中，ρ_r——拟对比密度。

采用牛顿迭代方法，使用如下方程可求得 ρ_r：

$$
\frac{\rho_r + \rho_r^2 + \rho_r^3 - \rho_r^4}{(1 - \rho_r)^3} - (14.76/T_{pr} - 9.76/T_{pr}^2 + 4.58/T_{pr}^3)\rho_r^2 \\
+ (90.7/T_{pr} - 242.2/T_{pr}^2 + 42.4/T_{pr}^3)\rho_r^{(2.18 + 2.82/T_{pr})} \\
- 0.06152(p_{pr}/T_{pr})\exp[-1.2(1 - 1/T_{pr})^2] = 0 \tag{6-11}
$$

上述方法的实用范围是：$1.2 \leqslant T_{pr} \leqslant 3$，$0.1 \leqslant p_{pr} \leqslant 24.0$。

5）Dranchuk-Abu-Kassem（DAK）法

DAK 方法和 DPR 方法计算公式基本相同，但是计算相对密度 ρ_r 的公式不同，DAK 方法的相对密度计算公式如下（表 6-2）：

$$
1 + \left(A_1 + \frac{A_2}{T_{pr}} + \frac{A_3}{T_{pr}^3} + \frac{A_4}{T_{pr}^4} + \frac{A_5}{T_{pr}^5}\right)\rho_r + \left(A_6 + \frac{A_7}{T_{pr}} + \frac{A_8}{T_{pr}^2}\right)\rho_r^2 - \\
A_9\left(\frac{A_7}{T_{pr}} + \frac{A_8}{T_{pr}^2}\right)\rho_r^5 + \frac{A_{10}}{T_{pr}^3}\rho_r^2(1 + A_{11}\rho_r^2)\exp(-A_{11}\rho_r^2) - 0.27\frac{p_{pr}}{\rho_r T_{pr}} = 0 \tag{6-12}
$$

表 6-2　DAK 方程参数表

参数	参数值	参数	参数值
A_1	0.3265	A_7	0.7361
A_2	1.07	A_8	0.1844
A_3	0.5339	A_9	0.1056
A_4	0.01569	A_{10}	0.6134
A_5	−0.05165	A_{11}	0.721
A_6	0.5475		

2. 偏差因子校正模型

由于高含硫化氢气体含有 CO_2 和 H_2S 等酸性气体，引起混合气体的临界温度和临界压力等参数发生变化，此时，如果使用上述方法计算会导致偏差因子变大，存在一定的误差，因此，一般要对酸性气体的临界参数进行校正。目前使用较为普遍的校正方法有两种。

1. 郭绪强（GXQ）校正

基于 HTP 模型和 DPR 模型，国内学者郭绪强等对酸性气体临界参数采取以下方法进行校正：

$$
T_c = T_m - C_{wa} \tag{6-13}
$$

$$
p_c = T_c \sum (x_i p_{ci}) / [T_c + x_1(1 - x_1)C_{wa}] \tag{6-14}
$$

$$
T_m = \sum_{i=1}^{n} (x_i T_{ci}) \tag{6-15}
$$

$$
C_{wa} = \frac{1}{14.5038} |120 \times |(x_1 + x_2)^{0.9} - (x_1 + x_2)^{1.6}| + 15(x_1^{0.5} - x_1^4)| \tag{6-16}
$$

式中，x_1——H_2S 在体系中的摩尔分数；

x_2——CO_2 在体系中的摩尔分数。

2. Wichert-Aziz 校正方法

Wichert-Aziz 考虑酸性气体(CO_2、H_2S)对混合气体的影响,于 1972 年引进参数 ε,其计算关系数如下:

$$\varepsilon = 15(M - M^2) + 4.167(N^{0.5} - N^2) \tag{6-17}$$

式中,M——体系内 H_2S 和 CO_2 的摩尔分数之和;

N——体系内 H_2S 的摩尔分数。

Wichert-Aziz 以参数 ε 为基础,考虑了各个组分的临界温度和临界压力,其临界参数校正关系式如下:

$$T'_{ci} = T_{ci} - \varepsilon \tag{6-18}$$

$$p'_{ci} = p_{ci}T'_{ci}/T_{ci} \tag{6-19}$$

式中,T_{ci}——i 组分的临界温度(K);

p_{ci}——i 组分的临界压力(kPa);

T'_{ci}——i 组分的校正临界温度(K);

p'_{ci}——i 组分的校正临界压力(kPa)。

上述计算公式的压力适用范围为 0~17240kPa,且需参考此压力值对温度进行校正,校正公式如下:

$$T' = T + 1.94(p/2760 - 2.1 \times 10^{-8}p^2) \tag{6-20}$$

6.1.2 天然气黏度计算及校正

1. 黏度计算模型

1)Lohrenz-Bray-Clark(LBC)法

1964 年,Lohrenz 提出了计算高压气体黏度的公式:

$$[(\mu - \mu_{g1})\xi + 10^{-4}]^{1/4} = a_1 + a_2\rho_r + a_3\rho_r^2 + a_4\rho_r^3 + a_5\rho_r^4 \tag{6-21}$$

式中,$a_1 = 0.1023$,$a_2 = 0.023364$,$a_3 = 0.058533$,$a_4 = 0.040758$,$a_5 = 0.0093324$;

μ_{g1}——低压下气体的黏度(mPa·s);

ρ_r——对比密度,$\rho_r = \dfrac{\rho}{\rho_c}$;

$\rho_c = (V_c^{-1}) = \left[\displaystyle\sum_{\substack{i=1 \\ i=c_+}}^{N}(z_i V_{ci}) + z_{c7+}V_{c7+}\right]^{-1}$。

其中 V_{c7+} 可由下式计算得

$$V_{c7+} = 21.573 + 0.015122MW_{c_{7+}} - 27.656 \times SG_{c_{7+}}$$
$$+ 0.070615MW_{c_{7+}} \times SG_{c_{7+}} \tag{6-22}$$

其中 ξ 可由下式计算得

$$\xi = (\sum_{i=1}^{N} T_{ci}z_i)^{\frac{1}{6}} (\sum_{i=1}^{N} MW_iz_i)^{-\frac{1}{2}} (\sum_{i=1}^{N} p_{ci}z_i)^{-\frac{2}{3}} \tag{6-23}$$

μ_{g1} 可根据 Herning 和 Zipperer 混合定律计算得

$$\mu_{g1} = \frac{\sum_{i=1}^{n} \mu_{gi}Y_iM_i^{0.5}}{\sum_{i=1}^{n} Y_iM_i^{0.5}} \tag{6-24}$$

式中，μ_{gi} 是 i 组分在给定温度压力下的黏度，可由 Stiel-Thodos 式计算得

$$\mu_{gi} = 34 \times 10^{-5} \frac{1}{\xi_i} T_{r_i}^{0.94}, T_{r_i} < 1.5 \tag{6-25}$$

$$\mu_{gi} = 17.78 \times 10^{-5} \frac{1}{\xi_i} (4.58T_{ri} - 1.67)^{\frac{5}{8}} \tag{6-26}$$

式中，M_i——气体单组分 i 分子量；

　　　Y_i——混合物中某组分 i 的摩尔分数。

2）Dempsey（D）法

对 Carr 等的图版进行拟合，Dempsey 得到了计算黏度的新公式：

$$\ln\left(\frac{\mu_gT_r}{\mu_1}\right) = A_0 + A_1p_r + A_2p_r^2 + A_3p_r^3 + T_r(A_4 + A_5p_r + A_6p_r^2 + A_7p_r^3) \tag{6-27}$$
$$+ T_r^2(A_8 + A_9p_r + A_{10}p_r^2 + A_{11}p_r^3) + T_r^3(A_{12} + A_{13}p_r + A_{14}p_r^2 + A_{15}p_r^3)$$

$$\mu_1 = (1.709 \times 10^{-5} - 2.062 \times 10^{-6}\gamma_g)(1.8T + 32) + 8.188 \times 10^{-3}$$
$$- 6.15 \times 10^{-3}\lg(\gamma_g) \tag{6-28}$$

式中，μ_1——单组分气体黏度（mPa·s）。

参数取值如表 6-3 所示。

表 6-3　参数取值表

参数	参数值	参数	参数值
A_0	-2.4621182	A_8	-0.7933858684
A_1	2.97054714	A_9	1.39643306
A_2	-0.286264054	A_{10}	0.149144925
A_3	0.00805420522	A_{11}	0.00441015512
A_4	2.80860949	A_{12}	0.0839387178
A_5	-3.49803305	A_{13}	-0.186408846
A_6	0.36037302	A_{14}	0.0203367881
A_7	-0.0104432413	A_{15}	-0.000609579263

3）Lee-Gonzalez（LG）法

石油公司提供了 8 组天然气样品，Lee 和 Gonzalez 采取实验研究的方法，分析了样

品的黏度和密度，实验条件是温度为 37.8~171.2℃，压力为 0.1013~55.158MPa。通过实验数据分析，他们得到了计算黏度的新的经验公式：

$$\mu_g = 10^{-4} K \exp(X \rho_g^Y) \tag{6-29}$$

$$K = \frac{2.6832 \times 10^{-2}(470 + M_g)T^{1.5}}{116.1111 + 10.5556 M_g + T} \tag{6-30}$$

$$X = 0.01\left(350 + \frac{54777.78}{T} + M_g\right) \tag{6-31}$$

$$Y = 0.2(12 - X) \tag{6-32}$$

$$\rho_g = \frac{10^{-3} M_{air} \gamma_g p}{ZRT} \tag{6-33}$$

式中，μ_g——地层天然气的黏度(mPa·s)；

ρ_g——地层天然气的密度(g/cm³)；

M_g——天然气的分子量(kg/kmol)；

M_{air}——空气的分子量(kg/kmol)；

T——地层温度(K)；

γ_g——天然气的相对密度(空气=1)。

2. 黏度校正模型

计算酸性气体的黏度时，需要对经验公式进行校正，因为高含硫化氢气体的黏度偏大，需要进行校正。

1)杨继盛(YJS)校正法

杨继盛校正法主要针对 LG 经验公式，校正公式如下：

$$K' = K + K_{H_2S} + K_{CO_2} + K_{N_2} \tag{6-34}$$

式中，K_{H_2S}——天然气中存在 H_2S 时引起的附加黏度校正系数；

K_{CO_2}——天然气中存在 CO_2 时引起的附加黏度校正系数；

K_{N_2}——天然气中存在 N_2 时引起的附加黏度校正系数。

对于 $0.6 < \gamma_g < 1$ 的天然气，计算公式如下：

$$K_{H_2S} = Y_{H_2S}(0.000057\gamma_g - 0.000017) \times 10^4 \tag{6-35}$$

$$K_{CO_2} = Y_{CO_2}(0.000050\gamma_g + 0.000017) \times 10^4 \tag{6-36}$$

$$K_{N_2} = Y_{N_2}(0.00005\gamma_g + 0.000047) \times 10^4 \tag{6-37}$$

对于 $1 < \gamma_g < 1.5$ 的天然气，计算公式如下：

$$K_{H_2S} = Y_{H_2S}(0.000029\gamma_g + 0.0000107) \times 10^4 \tag{6-38}$$

$$K_{CO_2} = Y_{CO_2}(0.000024\gamma_g + 0.000043) \times 10^4 \tag{6-39}$$

$$K_{N_2} = Y_{N_2}(0.000023\gamma_g + 0.000074) \times 10^4 \tag{6-40}$$

式中，Y_{H_2S}——H_2S 在混合气体中的体积百分数；

Y_{CO_2}——CO_2 在混合气体中的体积百分数；

Y_{N_2}——N_2 在混合气体中的体积百分数。

2)Standing 校正

Stangding 针对 Dempsey 的黏度计算公式提出了校正模型，公式如下：

$$\mu_1^{'} = (\mu_1)_{un} + \mu_{N_2} + \mu_{CO_2} + \mu_{H_2S} \tag{6-41}$$

式中参数计算公式如下：

$$\mu_{H_2S} = H_2S \cdot (8.49 \times 10^{-3} \lg\gamma_g + 3.73 \times 10^{-3}) \tag{6-42}$$

$$\mu_{CO_2} = CO_2 \cdot (9.08 \times 10^{-3} \lg\gamma_g + 6.24 \times 10^{-3}) \tag{6-43}$$

$$\mu_{N_2} = N_2 \cdot (8.48 \times 10^{-3} \lg\gamma_g + 9.59 \times 10^{-3}) \tag{6-44}$$

式中，μ_{H_2S}——H_2S 黏度校正值(mPa·s)；

$\quad\quad \mu_{CO_2}$——CO_2 黏度校正值(mPa·s)；

$\quad\quad \mu_{N_2}$——N_2 黏度校正值(mPa·s)；

$\quad\quad N_2$，CO_2，H_2S——N_2、CO_2、H_2S 分别占气体混合物的摩尔含量(f)；

$\quad\quad \gamma_g$——天然气相对密度(空气=1.0)；

$\quad\quad T$——地层温度(℃)。

6.2　天然气中元素硫溶解度预测模型

当元素硫溶解达到饱和状态后，元素硫将从气流中析出并可能沉积，可通过计算硫在不同温度和压力下的溶解度来表示硫的析出量，因此建立适用的元素硫溶解度预测模型十分重要。硫溶解度预测模型主要有相平衡预测法和经验关联式预测法。

6.2.1　相平衡预测模型

如果固体或液体和气体之间不存在化学反应，根据流体相平衡理论可知，当气-固或气-液两相达到相平衡时，元素硫(溶质)在气相的逸度 f_1^V 和其在固相的逸度 f_1^S 或液相中的逸度 f_1^L 相等。以固相在气相中溶解度计算为例，当气固两相达到相平衡时：

$$f_1^S = f_1^V \tag{6-45}$$

其中溶质在气相的逸度 f_1^V 为

$$f_1^V = py_1\hat{\phi}_1^V \tag{6-46}$$

溶质在固相中的逸度 f_1^S 可表示为

$$f_1^S = \phi_1^{sat} p_1^{sat} \exp\frac{V_1^S(p - p_1^{sat})}{RT} \tag{6-47}$$

式中，p_1^{sat}——系统温度 T 下溶质的饱和蒸汽压；

$\quad\quad V_1^S$——溶质的摩尔体积；

$\quad\quad \phi_1^{sat}$——溶质的逸度系数，此处取值为 1；

$\quad\quad \phi_1^V$——气相中元素硫的逸度系数。

联立式(6-46)~式(6-47)，可以求出固相溶质在气体中的溶解度 y_1：

$$y_1 = \frac{p_1^{\mathrm{sat}}}{p\hat{\phi}_1^{\mathrm{V}}}\exp\frac{V_1^{\mathrm{S}}(p - p_1^{\mathrm{sat}})}{RT} \tag{6-48}$$

溶质在气相中的分逸度系数 $\hat{\phi}_1^{\mathrm{V}}$ 可用 Peng-Robinson 状态方程计算：

$$\mathrm{In}\hat{\phi}_1^{\mathrm{V}} = \frac{b_1}{b}(Z - 1) - \mathrm{In}(Z - B) + \frac{A}{2\sqrt{2}}\left[\frac{b_1}{b} - \frac{2}{a}\sum_{j=1}^{N}y_j a_{1j}\right] \cdot \mathrm{In}\left[\frac{Z + (1 + \sqrt{2})B}{Z + (1 - \sqrt{2})B}\right] \tag{6-49}$$

其中，

$$a_{ii} = 0.45724 \cdot \left(\frac{\mathrm{R}^2 T_{ci}^2}{p_{ci}}\right) \cdot \left[1 + (0.37464 + 1.54226\omega_i - 0.26992\omega_i^2)(1 - T_{ri}^{0.5})\right]^2 ;$$

$$a = \sum_i\sum_j y_i y_j a_{ij} ;$$

$$a_{ij} = (1 - k_{ij})(a_{ii}a_{jj})^{0.5} ;$$

$$b_i = 0.0778\frac{RT_{ci}}{p_{ci}} ;$$

$$b = \sum_i y_i b_i ;$$

$$A = \frac{ap}{\mathrm{R}^2 T^2} ; B = \frac{bp}{RT} 。$$

偏差因子 Z 可以由 Peng-Robinson 状态方程的多项式形式求得

$$Z^3 - (1 - B)Z^2 + (A - 3B^2 - 2B)Z - (AB - B^2 - B^3) = 0 \tag{6-50}$$

如果已知气体组分和固体溶质之间的相互作用系数 k_{ij}，将式(6-49)和式(6-50)代入式(6-48)中，可以求出固体在气体中的溶解度。

同理可求出液相在气体中溶解度。

6.2.2 经验公式模型

Chrastil 提出了一个简单的关系式来预测高压下流体中元素硫的溶解度，将元素硫溶解度与系统压力温度关联起来：

$$C_r = \rho^k\exp(A/T + B) \tag{6-51}$$

式中，C_r——硫的溶解度(g/m³)；

ρ——气体密度(g/cm³)；

T——温度(K)；

k、A、B——常数。

对式(6-51)两边同时取对数，有

$$\mathrm{ln}C_r = k\mathrm{ln}\rho + (A/T + B) \tag{6-52}$$

该公式可以预测特定组分下气体中元素硫的溶解度，气体组分不同，参数 k、A 和 B 会出现相应的变化。

国外学者 Roberts 在 Chrastil 经验关联式的基础上，利用 Brunner 和 Woll 针对含硫混合气体的硫溶解度实验数据，拟合出高压下元素硫溶解度的预测公式：

$$C_r = \rho^4 \exp(-4666/T - 4.5711) \tag{6-53}$$

本书的元素硫溶解度计算值需要与井筒进行耦合求解，从而对井筒硫沉积进行分析，而相平衡方法与井筒耦合求解过程十分复杂。根据文献调研发现，Chrastil 经验关联式计算出的硫溶解度同样具有较高精度[1]，因此本书采用热力学经验公式模型来预测元素硫溶解度。

6.2.3　拟合的 Chrastil 经验关联式

Roberts 经验公式是通过拟合特定的实验组分数据得到的，而高含硫气藏硫溶解度因 H_2S 含量不同而出现较大差异，因此不能直接沿用 Roberts 经验公式。杨学锋对 Chrastil 公式进行了误差分析，发现直接沿用 Roberts 经验公式得到的硫溶解度误差较大，而拟合得到的 Chrastil 经验关联式误差较小，因此本书通过 Chrastil 公式拟合本书实例井实测硫溶解度数据，得到适合特定高含硫气藏的硫溶解度预测公式。该方法可根据实际情况推广使用。

1. 拟合公式

此处采用高含硫实例气井 YB1H 井来进行硫溶解度的拟合，地层温度为 152.5℃，地层压力为 66.52MPa，闪蒸实验结果如表 6-4 所示，天然气组成如表 6-5 所示。

表 6-4　闪蒸实验结果表

地层压力/MPa	地层温度/℃	偏差系数 Z_g	体积系数 $B_g/(10^{-3})$	密度 $\rho_g/(g \cdot m^{-3})$	黏度 $\mu_g/(mPa \cdot s)$
66.52	152.5	1.3052	2.960	0.2506	0.0333

表 6-5　YB1H 井天然气组成

序号	气体组分及含量(摩尔分数)/%						相对密度
	CH_4	H_2	N_2	CO_2	He	H_2S	
1	86.31	0.5	0.245	6.395	0.01	6.55	0.6514

收集 YB1H 井硫溶解度的实验数据，得到硫溶解度随温度压力变化的曲线(图 6-1)。

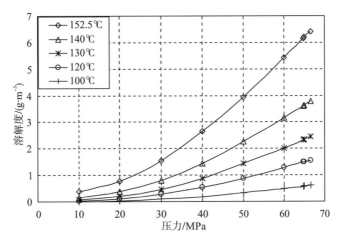

图 6-1　元素硫在不同温度压力下的溶解度

从图 6-1 中可以看出：在同一温度条件下，压力值越高，元素硫的溶解度也越大，反之则元素硫的溶解度减小。而在相同压力条件下，温度值越高，元素硫的溶解度越大，且元素硫溶解度增加的幅度随温度的增加而变大；反之若温度值降低，则元素硫的溶解度减小。

收集 130℃、140℃和 152.5℃三个温度下的地层流体的恒质膨胀实验数据，结果如表 6-6 所示。

表 6-6 混合物的溶解度实验数据

温度/K	压力/MPa	气体密度/(kg·m⁻³)	溶解度/(g·m⁻³)	相对体积($V \cdot V_{fi}^{-1}$)
403.15	10	54.6	0.085	4.8274
	20	108.7	0.204	2.4253
	30	156.7	0.472	1.6827
	40	195.9	0.887	1.3460
	50	227.2	1.436	1.1602
	60	252.7	2.013	1.0432
	64.88	263.6	2.326	1.0000
	66.52	267.4	3.778	0.9860
413.15	10	53	0.161	4.8654
	20	105.1	0.374	2.4516
	30	151.7	0.809	1.6992
	40	190.1	1.453	1.3556
	50	221.2	2.268	1.1649
	60	246.7	3.167	1.0445
	64.88	257.7	3.611	1.0000
	66.52	261.5	3.778	0.9855
425.65	10	51.1	0.374	4.9061
	20	101	0.779	2.4799
	30	145.9	1.542	1.7172
	40	183.4	2.655	1.3661
	50	214.1	3.947	1.1700
	60	239.5	5.428	1.0462
	64.88	250.6	6.159	1.0000
	66.52	254.4	6.413	0.9850

拟合混合物的 C_r 与 ρ 双对数曲线，结果如图 6-2 所示。

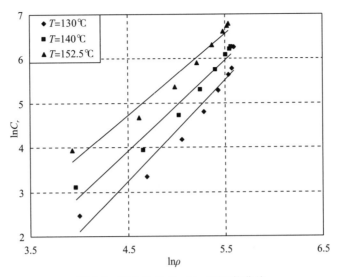

图 6-2　混合物的 C_r 与 ρ 双对数曲线

从图 6-2 中可以看出，实验数据整理后直线关系较明显，从而确定出对应气体组分下的 k 为 2.1。

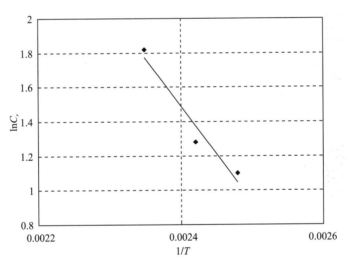

图 6-3　混合物 1 中密度为 $250.6\text{kg} \cdot \text{m}^{-3}$ 的 $\ln C_r$ 与 $1/T$ 之间的关系

根据式(6-52)，确定密度为 $250.6\text{kg} \cdot \text{m}^{-3}$ 情况下，$\ln C_r$ 与 $1/T$ 的关系图(图 6-3)，从而计算出 A 为 7529.7，B 为 7.8739。

拟合得到适合于 YB 气藏的硫溶解度预测公式为

$$C_r = \rho^{2.1}\exp(-7529.7/T + 7.8739) \tag{6-54}$$

在温度为 152.5℃ 的情况下，用式(6-54)预测溶解度，然后与实测值进行对比，结果如图 6-4 所示。

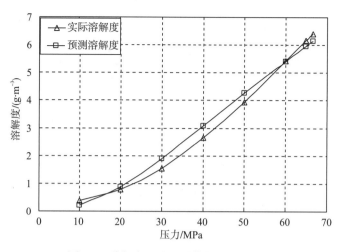

图 6-4　溶解度理论预测值与实测值对比

计算得到相对平均误差值仅为 0.14%，说明拟合得到的经验关联式较为准确，模型可以满足精度要求。

6.2.4　高含硫气体硫溶解度缔合模型研究

本书将利用超临界流体多相平衡原理解决高含硫天然气混合物与元素硫之间的平衡关系。这是考虑在地层条件下，将高含硫天然气处理为超临界或接近临界流体态，因此本书将通过这种理论研究建立高含硫气体中元素硫溶解度的关联和预测模型。

1. 缔合模型 1

通常采用的实验方法用于确定硫在天然气中的溶解度不仅危险性大而且投资成本高。因此，硫的溶解度的经验计算方法比较简单可用，将其应用到许多体系中都曾取得了相当满意的结果。

目前，人们公认的比较成功的经验关联式是 Chrastil 提出的三参数方程，关系式如下：

$$C_r = \rho^k \exp(A/T + B) \tag{6-55}$$

式中，C_r——溶质在气体中的溶解度（g/m³）；

ρ——气体密度（g/m³）；

T——温度（K）；

k、A、B——常数。

此方程具有一定的理论意义，是从溶质和溶剂分子间只存在化学缔合出发推导出的，由于在该式的推导中没有考虑溶质在 SCF 作用下挥发性的变化以及导出的溶解度单位不便使用等原因，致使公式的准确性和适用范围受到了一定的限制。但 Chrastil 溶解度计算公式适用于溶质在气相中的溶解度极小的场合，且将超临界流体的非理想性全部归结于缔合反应，尤其对高温高压下元素硫在酸性混合气中的溶解度计算结果较为准确。

对式(6-55)两边取对数得

$$\ln C_r = k\ln\rho + (A/T + B) \tag{6-56}$$

按式(6-56)，考虑温度不变的情况下，硫溶解度 C_r 和气体密度 ρ 在双对数曲线中呈线性关系。式(6-56)中的常数 k、A 和 B，可以用实验测得的数据来确定。

为了研究元素硫在高含硫气藏中溶解度缔合模型的适用性，采用实验数据进行验证，实验条件为 80~160℃ 和 10~60MPa，气体组成如表 6-7 所示，混合物溶解度实验如表 6-8 所示。实验数据按照 Chrastil 公式整理后直线关系明显(图 6-5)，从图 6-6 中可以确定对应气体组分下的 k，而参数 A 和 B 需要测不同温度下的溶解度才能求取。

表 6-7　实验气体组分数据

混合物	气体组分含量/%			
	H_2S	CO_2	N_2	CH_4
1	20	10	4	66

表 6-8　混合物 1 的溶解度实验数据

温度/℃	压力/MPa	气体密度/(kg·m^{-3})	溶解度/(g·m^{-3})	质量含量/%
80	10	146	0.036	0.0042
	20	186	0.164	0.0143
	30	235	0.361	0.0326
	40	296	0.507	0.0486
	50	336	1.036	0.0964
	60	367	1.562	0.162
100	10	128	0.062	0.0054
	20	164	0.228	0.0202
	40	280	0.799	0.0767
	52	327	1.623	0.1371
	60	350	2.102	0.194
120	10	105	0.135	0.0112
	30	213	0.819	0.0729
	45	282	1.853	0.1741
	60	332	3.342	0.3053
140	10	69	0.254	0.0214
	30	198	1.21	0.1071
	45	264	2.87	0.261
	60	313	4.652	0.433
160	10	65	0.362	0.0342
	30	185	1.723	0.16
	40	231	2.754	0.2582
	50	267	4.491	0.477

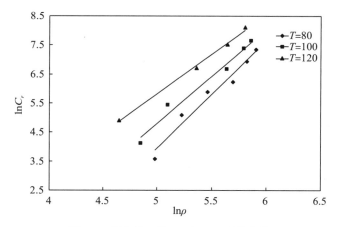

图 6-5　混合物 1 的 C_r 与 ρ 双对数曲线

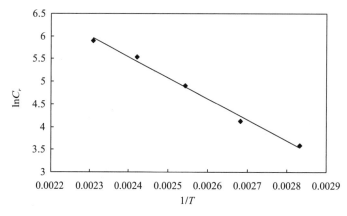

图 6-6　混合物 1 中密度为 $105\mathrm{kg/m^3}$ 的 $\ln C_r$ 与 $1/T$ 之间的关系

从图 6-5 中可以看出：$\ln C_r$ 与 $\ln \rho$ 呈线性关系，拟合回归得到相应的关系式，根据式(6-56)，确定一个密度，绘出 $\ln C_r$ 与 $1/T$ 的关系(图 6-6)，计算出 A、B，从而可得到对应组分下的溶解度。

但是由于组分不同，参数 k、A 和 B 会出现相应的变化，因此在实际计算过程中，需要先确定各组分的实验数据，从而计算出该组分下不同温度、压力的溶解度。同时，该关联式只考虑了元素硫和 H_2S 之间的化学溶解，未考虑物理溶解，从量纲分析来看，单位不便使用，显然存在一定的局限性。

2. 缔合模型 2

从本书前面的研究内容可知，硫在高含硫气体中的溶解机理包括物理溶解和化学溶解。下面先利用超临界流体中缔合模型的相关理论解释这两种溶解机理，然后建立包含两种溶解作用的缔合模型。

1)溶解机理解释

(1)物理溶解。硫的物理溶解是指在温度不变的情况下，硫分子溶解在高含硫气体中，此时超临界态的硫与固态硫就处于一种平衡关系，如下所示：

$$S_{x(s)} = S_{x(f)} \tag{6-57}$$

式中，s——固相硫；

　　　f——超临界流体状态下的元素硫；

　　　x——硫原子的个数，$x=1，\cdots，8$；

　　　S——化学符号。

（2）化学溶解。处于超临界流体相的硫原子与硫化氢由于弱化学作用发生缔合反应，硫、硫化氢以及多硫化物之间达到的相平衡，即满足：

$$H_2S_{(f)} + S_{x(f)} \xrightarrow{\text{一定温度和压力}} H_2S_{x+1(f)} \tag{6-58}$$

2）元素硫溶解度的缔合模型研究

同时考虑物理溶解与化学溶解，联立式（6-57）和式（6-58），则有

$$H_2S_{(f)} + S_{x(s)} \xrightarrow{\text{一定温度和压力}} H_2S_{x+1(f)} \tag{6-59}$$

再将式（6-57）和式（6-59）联立写成一个通用式，即

$$nH_2S_{(f)} + S_{x(s)} \xrightarrow{\text{一定温度和压力}} (H_2S)S_{x(f)} \tag{6-60}$$

当 $n=0$ 时，式（6-60）即为式（6-57），即只发生物理溶解；当 $n=1$ 时，式（6-60）即为式（6-59），即存在物理溶解和化学溶解。

依据化学反应规律，式（6-60）中的平衡常数 k 为

$$k = f_{3(f)}/[f_{2(s)} (f_{1(f)})^n] \tag{6-61}$$

式中，k——反应平衡常数；

　　　$3(f)$——$(H_2S)S_{x(f)}$；

　　　$2(s)$——$S_{x(s)}$；

　　　$1(f)$——$H_2S_{(f)}$。

归纳统计分析众多实验数据，高含硫气体混合物中元素硫的摩尔分数一般都比较小，通常变化范围为 $10^{-2} \sim 10^{-4}$，因此如果将超临界相中各组分的摩尔分数用 y 来表示，有

$$\sum_{i=1}^{3} y_i \approx y_1 + y_3 = 1 \tag{6-62}$$

令 $y_3 = y$，则

$$y_1 = 1 - y \tag{6-63}$$

采用逸度来进行替换，则各组分表示如下：

$$f_{3(f)} = y\phi_3 p \tag{6-64}$$

$$f_{1(f)} = (1-y)\phi_1 p \tag{6-65}$$

式中，ϕ_1、ϕ_3——超临界相中 $H_2S_{(f)}$、$H_2S_{x+1(f)}$ 的逸度系数；

　　　p——系统压力。

固态硫的逸度有如下表示：

$$f_s^s = \phi_s^{\text{sat}} p_s^{\text{sat}} \exp \int_{p_1^{\text{sat}}}^{p} \frac{V^s \mathrm{d}p}{RT} \tag{6-66}$$

将式（6-64）、式（6-65）、式（6-66）代入式（6-61），得到

$$\frac{y}{(1-y)^n} = \frac{k\phi_1\phi_s^{sat}p_s^{sat}\exp\left[\dfrac{V_s}{RT}(p-p_s^{sat})\right]}{\phi_3} \cdot p^{n-1} \qquad (6\text{-}67)$$

式(6-67)即为考虑弱缔合反应的元素硫溶解度计算的一般式。

3)元素硫溶解度缔合模型的讨论

(1)物理溶解。当只考虑物理溶解时，$n=0$，此时 $k=1$，$\phi_3=\phi_s$，式(6-67)变为

$$y = \frac{\phi_s^{sat}p_s^{sat}\exp\left[\dfrac{V_s}{RT}(p-p_s^{sat})\right]}{\phi_s p} \qquad (6\text{-}68)$$

(2)物理溶解与化学溶解。同时考虑物理与化学溶解，$1-y\approx1$，有

$$y = \frac{k\phi_1\phi_s^{sat}p_s^{sat}\exp\left[\dfrac{V_s}{RT}(p-p_s^{sat})\right]}{\phi_3}P^{n-1} \qquad (6\text{-}69)$$

根据增强因子的定义式，即

$$E = \frac{yp}{p_s^{sat}} \qquad (6\text{-}70)$$

对式(6-69)两边取自然对数，并结合式(6-70)，得到

$$\ln E = n\ln p + \frac{V_s}{RT}(p-p_s^{sat}) + \ln k + \ln\frac{\phi_1\phi_s^{sat}}{\phi_3} \qquad (6\text{-}71)$$

又因：

$$p = \frac{z}{M}RT\rho \qquad (6\text{-}72)$$

同时，根据平衡常数的公式：

$$\ln k = -\frac{\Delta H^0}{RT} + \frac{\Delta S^0}{R} \qquad (6\text{-}73)$$

式(6-71)可变化为

$$\begin{aligned}
\ln E = {} & n\ln(\rho T) + \frac{zV_s}{M}\rho - \frac{\left(\dfrac{V_s p_s^{sat}}{R} + \dfrac{\Delta H^0}{R}\right)}{T} \\
& + \left(\frac{\Delta S^0}{R} + n\ln\frac{zR}{M}\right) + \ln\frac{\phi_1\phi_s^{sat}}{\phi_3}
\end{aligned} \qquad (6\text{-}74)$$

令

$$c_2' = \frac{zV_s}{M} \qquad (6\text{-}75)$$

$$f(T,p) = -\frac{\left(\dfrac{V_s p_s^{sat}}{R} + \dfrac{\Delta H^0}{R}\right)}{T} + \left(\frac{\Delta S^0}{R} + n\ln\frac{zR}{M}\right) + \ln\frac{\phi_1\phi_s^{sat}}{\phi_3} \qquad (6\text{-}76)$$

式(6-76)得到的函数 $f(T，p)$ 是一个十分复杂的函数，为了实用化，可以把压力的因素考虑为与密度的影响关系，式(6-76)简化为

$$f(T,p) = c_2'\rho + c_3/T + c_4 \qquad (6\text{-}77)$$

将式(6-75)和式(6-76)代入式(6-74)，得到

$$\ln E = n\ln(\rho T) + c_2'\rho + c_2'\rho + c_3/T + c_4 \tag{6-78}$$

令 $c_1 = n$，$c_2 = c_2' + c_2'$，$c_i(i = 1\sim4)$ 为待定系数，则式(6-78)可变为

$$\ln E = c_1\ln(\rho T) + c_2\rho + c_3/T + c_4 \tag{6-79}$$

式(6-79)即为考虑物理与化学溶解的计算溶解度的新缔合模型。$c_1\ln(\rho T)$ 与压力的变化有关，$c_2\rho$ 与密度即气体组成变化有关，c_3/T 与温度的变化有关。其中各待定系数可由相关文献发表的或实验测定的溶解度数据进行回归分析求得。

为了研究元素硫在高含硫气藏中溶解度缔合模型的适用性，以孙长宇的实验为例，选取混合物样品中的三种不同混合体系，该混合物体系主要由 H_2S、CH_4 和 CO_2 组成，各体系摩尔分数如表 6-9 所示，拟合得到的方程系数如表 6-10 所示，对比结果如表 6-11 所示。

表 6-9 高含硫混合物的摩尔组成

混合物组成	气体百分数/%		
	H_2S	CO_2	CH_4
1	14.98	7.31	77.71
2	17.71	6.81	75.48
3	26.62	7	66.38

表 6-10 由新建缔合模型回归得到式(6-79)中各项系数值

混合物组分	式(6-79)中各项参数			
	c_1	c_2	c_3	c_4
1	11.6617	−0.0239	−3329.3504	−112.9052
2	−2.1308	0.0257	−8601.6984	46.8056
3	−32.5019	0.1157	−19540.7755	402.2039

表 6-11 硫溶解度实验值与计算值对比表

混合物组成	T/K	p/MPa	实验值，摩尔分数 $y/(10^{-5})$	计算值，摩尔分数 $y/(10^{-5})$	AAD/%
1	343.2	35	2.017	1.994	1.147
	343.2	40	2.507	2.531	0.967
	363.2	40	4.341	4.485	3.316
	363.2	45	5.821	5.902	1.399
2	343.2	35	2.332	2.350	0.781
	343.2	40	3.066	2.943	4.001
	363.2	40	5.397	5.261	2.511
	363.2	45	7.109	6.894	3.025
3	343.2	35	4.262	4.659	9.315
	343.2	40	5.738	5.436	5.267
	363.2	40	10.432	10.253	1.719
	363.2	45	12.707	13.054	2.735

从上表中可以得出，缔合模型新式(6-79)与文献中的实验数据有很好的一致性，最大 AAD 为 9.315%，平均 AAD% 为 3.015%，说明了模型的可靠性。

3. 缔合模型 3

目前得到的多种经验关联式中常含有 SCF 流体的密度等参数，而这些参数往往要用状态方程求解。但是这种方法不但计算麻烦，而且在近临界区时，状态方程计算出的密度一般误

差比较大，因此这类经验关联式存在一定的局限性。为此，我们在缔合模型2的基础上进行了改进，从 SCF 萃取缔合出发，推导出一个无需 SCF 密度也能计算溶解度的新缔合模型。

为了得出适用于含硫气藏的气固相平衡的缔合模型，将式(6-69)进行简化。考虑到 SCF 中的溶解度极小，固可以近似处理为$(1-y) \approx 1$。SCF 萃取过程中 p_s^{sat} 很小，从而有 $\phi_s^{sat} \approx 1$，$p - p_s^{sat} \approx p$，则式(6-69)简化为

$$y = \frac{k \phi_1 p_s^{sat} \exp\left(\dfrac{V_s p}{RT}\right)}{\phi_3} p^{n-1} \tag{6-80}$$

两边同取自然对数得

$$\ln y = (n-1)\ln p + \ln k + \ln p_s^{sat} + \ln\left(\frac{\phi_1}{\phi_3}\right) + \frac{V_s p}{RT} \tag{6-81}$$

根据文献[2]有

$$\ln p_s^{sat} = 3.5115 - \frac{2442.4}{T - 106.5} \tag{6-82}$$

将式(6-73)、式(6-80)代入式(6-79)，得到

$$\ln y = (n-1)\ln p + \left(-\frac{\Delta H^0}{RT}\right)\frac{1}{T} - \frac{2442.4}{T - 106.5}$$
$$+ \left[\frac{\Delta S^0}{R} + 3.5115 + \ln\left(\frac{\phi_1}{\phi_3}\right)\right] + \frac{V_s p}{RT} \tag{6-83}$$

在本书中，考虑缔合分子中的溶剂分子的个数 n 是温度的函数，因此上式变为

$$\ln y = (m_1 + m_2 T)\ln p + m_3 \frac{1}{T} - \frac{2442.4}{T - 106.5} + 0.0137 \times 10^{-3} \times \frac{p}{T} + m_4 \tag{6-84}$$

式(6-84)即为本书新推导出的计算元素硫在高含硫气藏中溶解度的缔合模型。

同样以孙长宇发表的实验组成为例，表 6-11 中各混合物组成，利用公式(6-84)对溶解度计算进行关联，拟合得到的各项系数如表 6-12 所示，实验值与模型预测值对比如表 6-13 所示。

表 6-12　由新建缔合模型回归得到式(6-84)中各项系数值

混合物组分	式(6-84)中各项拟合参数			
	m_1	m_2	m_3	m_4
1	−8.124	0.028	12827.379	−32.147
2	1.809	0.001	91.412	3.612
3	15.090	−0.037	−17178.738	53.905

表 6-13　硫溶解度实验值与计算值对比表

混合物组成	T/K	p/MPa	实验值，摩尔分数 $y/(10^{-5})$	计算值，摩尔分数 $y/(10^{-5})$	AAD/%
1	343.2	35	2.017	2.084	3.322
	343.2	40	2.507	2.616	4.348
	363.2	40	4.341	4.244	2.235
	363.2	45	5.821	5.672	2.560
2	343.2	35	2.332	2.162	7.311
	343.2	40	3.066	2.968	3.196
	363.2	40	5.397	5.139	4.780
	363.2	45	7.109	7.263	2.170

续表

混合物组成	T/K	p/MPa	实验值，摩尔分数 $y/(10^{-5})$	计算值，摩尔分数 $y/(10^{-5})$	AAD/%
3	343.2	35	4.262	4.309	1.103
	343.2	40	5.738	5.442	5.159
	363.2	40	10.432	10.167	2.540
	363.2	45	12.707	13.280	4.509

从上表中可以得出，缔合模型新式(6-84)与文献中的实验数据有很好的一致性，最大 AAD 为 7.315%，平均 AAD% 为 3.603%，说明了模型的可靠性。其精度高于后面用状态方程计算的精度。

6.3　高含硫气井井筒压力温度分布预测

高含硫气体在穿过井筒过程中会出现复杂的相态变化，井筒不同位置的压力温度范围可能会出现不同的流动状态。在建立适应高含硫气井的井筒压力温度分布预测模型之前，首先要对它在井筒流动过程中的流态变化进行判定。

对于高含硫气井，在不考虑产水情况下，一般而言，流体首先以单相气态从井底向井口流动。若发生元素硫以固体小颗粒从气体中析出，则此时井筒出现气固两相流动，如图 6-7(a)所示，若没有硫析出，则井筒始终为单相气体流动。如果元素硫在井筒析出位置处的温度高于它的熔点，那么元素硫呈液滴形式随气体流动，此时井筒出现气液两相流动，在流经温度低于硫熔点的井筒位置处后，元素硫就由液滴状变成固体颗粒状，此时对应的井筒流态也由气液两相流动转成气固两相流动，如图 6-7(b)所示。

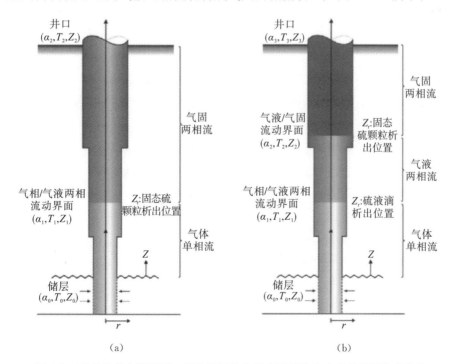

图 6-7　不考虑产水情况下，高含硫气井井筒中可能依次出现的不同流动状态

当考虑气井产水情况，那么井筒中首先出现的是气液两相流动，若发生固体硫颗粒从气体中大量析出，则转变成气液固三相流动(图 6-8)，当然这种情况要复杂得多。

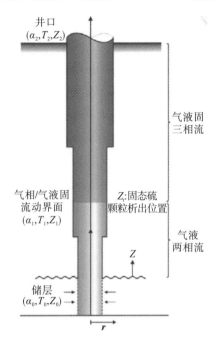

井口
(α_2, T_2, Z_2)

气液固
三相流

气相/气液固
流动界面
(α_1, T_1, Z_1)

Z:固态硫
颗粒析出位置

气液
两相流

Z

储层
(α_0, T_0, Z_0)

r

图 6-8　高含硫气井井筒中可能出现的不同流动状态(考虑产水情况)

6.3.1　单相气井的井筒温度压力分布预测

1.基本假设

在建立井筒温度压力动态分布模型时候，作如下假设：

(1)气体在井筒中作一维稳定流动，在井筒中的任一界面上，气体的所有的参数特性是均一的；

(2)井筒和周围地层中的热损失是径向的，不考虑沿井深方向的传热；

(3)从井筒到第二界面的传热为一维稳态传热，从第二界面到井筒周围地层的传热为一维非稳态传热，且服从 Remay 推荐的无因次时间函数；

(4)气体在流动过程中既不对外界做功，外界也不对气体做功；

(5)地层温度沿线性变化，地温梯度已知；

(6)不考虑温度变化下管柱的变形；

(7)井筒周围地层温度呈对称分布；

(8)气体在地层中作等温渗流。

2.井筒温度分布模型

图 6-9 表示的是井身结构示意图，当气体在气井中向上流动时，由于气体和周围地

层之间存在着温差，必然要发生热传递，其传热主要经过以下几个步骤：

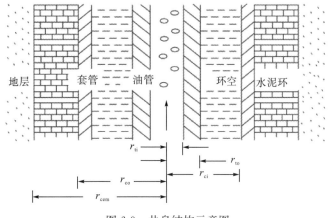

图 6-9　井身结构示意图

（1）高温气体经对流把热量传给油管内壁；

（2）通过导热把热量从油管内壁传到外壁；

（3）以对流和辐射形式将热量从油管外壁经油套环空传到套管内壁；

（4）以导热形式把热量从套管内壁传到套管外壁；

（5）通过导热把热量从套管外壁经水泥环传给地层。

从气井井筒系统中取一控制体，如图 6-10 所示。以井底为坐标原点，以油管轴线为坐标轴 z，规定其正向与流体流动方向相同，同时定义 θ 为坐标轴 z 与水平方向的夹角。

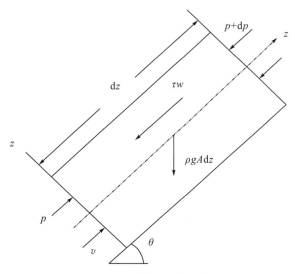

图 6-10　稳定一维流动图

根据能量守恒定律：流体流进微元体时具有的能量，等于流体在微元体内的能量损失加上流体流出微元体时具有的能量。

$$H(z)+\frac{1}{2}mv^2(z)+mgz = H(z+\mathrm{d}z)+\frac{1}{2}mv^2(z+\sin\theta\mathrm{d}z)+mg(z+\mathrm{d}z)+\mathrm{d}Q$$

$$(6-85)$$

对式(6-85)化简得

$$-\frac{\mathrm{d}Q}{\mathrm{d}z} = \frac{\mathrm{d}H}{\mathrm{d}z} + mv\frac{\mathrm{d}v}{\mathrm{d}z} + mg\sin\theta \qquad (6\text{-}86)$$

对式(6-86)两边同除以质量 m，得

$$-\frac{\mathrm{d}q}{\mathrm{d}z} = \frac{\mathrm{d}h}{\mathrm{d}z} + v\frac{\mathrm{d}v}{\mathrm{d}z} + g\sin\theta \qquad (6\text{-}87)$$

式(6-87)即为流体沿垂直管向上流动的能量平衡方程。

下面先研究式(6-87)中 $\mathrm{d}q/\mathrm{d}z$，$\mathrm{d}h/\mathrm{d}z$ 的计算。

1) $\mathrm{d}q/\mathrm{d}z$ 的计算

Ramey 和 Willhite 详细讨论了井筒内流体到地层之间的热量传递过程，如图 6-11 所示。从井筒到水泥环与地层界面之间的径向传热可由式(6-88)表示。

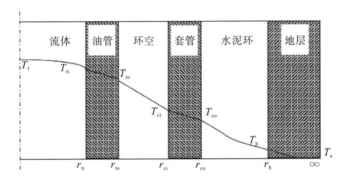

图 6-11　径向热传递系统

从井筒气体到第二界面的径向传热量为

$$\mathrm{d}q = \frac{2\pi r_{to}U_{to}(T_f - T_h)}{Q_g}\mathrm{d}z \qquad (6\text{-}88)$$

式中，r_{to}——油管外径(m)；

　　　U_{to}——总传热系数($\mathrm{W \cdot m^{-2} \cdot K^{-1}}$)；

　　　T_h——第二界面温度(K)；

　　　Q_g——气体质量流量($\mathrm{kg \cdot s^{-1}}$)。

需要指出：式(6-88)中含有质量流量 Q_g，则 $\mathrm{d}q$ 的单位为 J/kg；如不含 Q_g，则 $\mathrm{d}q$ 的单位为 J/s。

从第二界面向周围地层的径向传热量为

$$\mathrm{d}q = \frac{2\pi k_e(T_h - T_e)}{Q_g \cdot f(t)}\mathrm{d}z \qquad (6\text{-}89)$$

式中，k_e——地层导热系数($\mathrm{W \cdot m^{-2} \cdot K^{-1}}$)；

　　　T_e——地层温度(K)；

　　　$f(t)$——地层瞬态传热函数。

由式(6-88)、式(6-89)得

$$\frac{\mathrm{d}q}{\mathrm{d}z} = \frac{2\pi r_{\mathrm{to}}U_{\mathrm{to}}k_{\mathrm{e}}}{Q_{\mathrm{g}}[k_{\mathrm{e}}+f(t)r_{\mathrm{to}}U_{\mathrm{to}}]}(T_{\mathrm{f}}-T_{\mathrm{e}}) \tag{6-90}$$

2) $\mathrm{d}h/\mathrm{d}z$ 的计算

由于气体的焓是温度和压力的函数，则

$$\frac{\mathrm{d}h}{\mathrm{d}z} = \left(\frac{\partial h}{\partial p}\right)_{T_{\mathrm{f}}}\frac{\mathrm{d}p}{\mathrm{d}z} + \left(\frac{\partial h}{\partial T_{\mathrm{f}}}\right)_{p}\frac{\mathrm{d}T_{\mathrm{f}}}{\mathrm{d}z} \tag{6-91}$$

气体的焓对温度的变化率即为气体比定压热容，可表示为

$$\left(\frac{\partial h}{\partial T_{f}}\right)_{\mathrm{p}} = C_{\mathrm{p}} \tag{6-92}$$

由焦耳-汤姆逊系数的定义：

$$C_{\mathrm{J}} = \left(\frac{\partial T_{\mathrm{f}}}{\partial p}\right)_{\mathrm{h}} = -\frac{(\partial h/\partial p)_{T_{\mathrm{f}}}}{(\partial h/\partial T_{\mathrm{f}})_{\mathrm{p}}} \tag{6-93}$$

即得

$$\left(\frac{\partial h}{\partial p}\right)_{T_{\mathrm{f}}} = -C_{p}C_{\mathrm{J}} \tag{6-94}$$

将式(6-92)、式(6-94)代入式(6-91)中得

$$\frac{\mathrm{d}h}{\mathrm{d}z} = -C_{\mathrm{J}}C_{\mathrm{p}}\frac{\mathrm{d}p}{\mathrm{d}z} + C_{\mathrm{p}}\frac{\mathrm{d}T_{\mathrm{f}}}{\mathrm{d}z} \tag{6-95}$$

将式(6-90)和式(6-95)代入式(6-87)则得计算气体温度的常微分方程：

$$\frac{\mathrm{d}T_{\mathrm{f}}}{\mathrm{d}z} = -A(T_{\mathrm{f}}-T_{\mathrm{e}}) - \frac{g}{C_{\mathrm{p}}} - \frac{v}{C_{\mathrm{p}}}\frac{\mathrm{d}v}{\mathrm{d}z} + C_{\mathrm{J}}\frac{\mathrm{d}p}{\mathrm{d}z} \tag{6-96}$$

式中，$A = \dfrac{2\pi r_{\mathrm{to}}U_{\mathrm{to}}k_{\mathrm{e}}}{C_{\mathrm{p}}Q_{\mathrm{g}}[k_{\mathrm{e}}+f(t)r_{\mathrm{to}}U_{\mathrm{to}}]}$；

T_{e}——地层温度(K)，$T_{\mathrm{e}}=T_{\mathrm{ebh}}-g_{\mathrm{T}}z$，$T_{\mathrm{ebh}}$ 为井底处地层温度(K)，g_{T} 为地层梯度(K·m^{-1})；

$f(t)$——地层瞬态传热函数。

在对式(6-96)进行求解时，采用与压力计算时相同的分段方法，在每一小段内认为 C_{p}、g_{T}、$\mathrm{d}v/\mathrm{d}z$ 和 $\mathrm{d}p/\mathrm{d}z$ 保持不变，则式(6-96)的通解为

$$T_{\mathrm{f}} = Ce^{-Az} + T_{\mathrm{e}} + \frac{1}{A}\left(-\frac{g}{C_{\mathrm{p}}} + C_{\mathrm{J}}\frac{\mathrm{d}p}{\mathrm{d}z} - \frac{v}{C_{\mathrm{p}}}\frac{\mathrm{d}v}{\mathrm{d}z} + g_{\mathrm{T}}\right) \tag{6-97}$$

将边界条件 $z=z_{\mathrm{in}}$ 时，$T_{\mathrm{f}}=T_{\mathrm{fin}}$，$T_{\mathrm{e}}=T_{\mathrm{ein}}$ 代入式(6-97)得

$$C = T_{\mathrm{fin}} - T_{\mathrm{ein}} - \frac{1}{A}\left(-\frac{g}{C_{\mathrm{p}}} + C_{\mathrm{J}}\frac{\mathrm{d}p}{\mathrm{d}z} - \frac{v}{C_{\mathrm{p}}}\frac{\mathrm{d}v}{\mathrm{d}z} + g_{\mathrm{T}}\right) \tag{6-98}$$

将 C 代入式(6-97)得到每一段出口处的温度为

$$T_{\mathrm{fout}} = T_{\mathrm{eout}} + \frac{1-e^{-A(z-z_{\mathrm{in}})}}{A}\left(-\frac{g}{C_{\mathrm{p}}} + C_{\mathrm{J}}\frac{\mathrm{d}p}{\mathrm{d}z} - \frac{v}{C_{\mathrm{p}}}\frac{\mathrm{d}v}{\mathrm{d}z} + g_{\mathrm{T}}\right) + e^{-A(z-z_{\mathrm{in}})}(T_{\mathrm{fin}} - T_{\mathrm{ein}}) \tag{6-99}$$

在长为 $\mathrm{d}z$ 的微元体内，由于气体和管壁之间的摩擦而产生的热量为

$$q_{\mathrm{f}} = \frac{Q_{\mathrm{g}}f_{\mathrm{g}}v^{2}}{2d}\mathrm{d}z \tag{6-100}$$

该热量对管内气体进行加热。如考虑摩擦生热，则式(6-95)变为

$$\left(\frac{\partial h}{\partial p}\right)_{T_f} = -C_p C_J - \frac{\mathrm{d}q}{\mathrm{d}z} = \frac{\mathrm{d}h}{\mathrm{d}z} + v\frac{\mathrm{d}v}{\mathrm{d}z} + g - \frac{f_g v^2}{2d} \tag{6-101}$$

采用上述解法，得到每一段出口处的温度为

$$T_{\text{fout}} = T_{\text{eout}} + \frac{1-\mathrm{e}^{-A(z-z_{\text{in}})}}{A}\left(-\frac{g}{C_p} + C_J\frac{\mathrm{d}p}{\mathrm{d}z} - \frac{v}{C_p}\frac{\mathrm{d}v}{\mathrm{d}z} + g_T + \frac{f_g v^2}{2C_p d}\right)$$
$$+ \mathrm{e}^{-A(z-z_{\text{in}})}(T_{\text{fin}} - T_{\text{ein}}) \tag{6-102}$$

在计算井筒温度时，需要用到很多物性参数，这里给出最主要的三个热物性参数计算方法。

(1)气体比热容。根据参考文献，计算气体比定压热容的公式为

$$C_p = 1243 + 3.14T_f + 7.931 \times 10^{-4} T_f^2 - 6.881 \times 10^{-7} T_f^3 \tag{6-103}$$

(2)焦耳-汤姆逊系数。参考文献中关于焦耳-汤姆逊系数的计算公式为

$$C_J = \frac{R}{C_p} \frac{(2r_A - r_B T_f - 2r_B B T_f)Z - (2r_A B + r_B A T_f)}{[3Z^2 - 2(1-B)Z + (A - 2B - 3B^2)]T_f} \tag{6-104}$$

式中，

$$A = r_A p / R^2 / T_f^2 \tag{6-105}$$

$$B = r_B p / R / T_f \tag{6-106}$$

$$r_A = 0.457235\alpha_i R^2 T_{\text{pci}}^2 / p_{\text{pci}} \tag{6-107}$$

$$r_B = 0.077796 R T_{\text{pci}} / p_{\text{pci}} \tag{6-108}$$

$$\alpha_i = [1 + m_i(1 - T_{\text{pri}}^{0.5})]^2 \tag{6-109}$$

$$m_i = 0.3746 + 1.5423\omega_i - 0.2699\omega_i^2 \tag{6-110}$$

式中，T_{pci}、T_{pri}——组分 i 的临界温度和对比温度(K)；

p_{pci}——组分 i 的临界压力(MPa)；

ω_i——组分 i 的偏心因子，无因次。

(3)总传热系数。总传热系数的大小决定着气体温度的高低，考虑井筒中只有一层套管情况，则可得出下列计算总传热系数：

$$U_{\text{to}} = \left[\frac{r_{\text{to}}}{r_{\text{ti}}h_f} + \frac{r_{\text{to}}\ln(r_{\text{to}}/r_{\text{ti}})}{K_{\text{tub}}} + \frac{1}{h_c + h_r} + \frac{r_{\text{to}}\ln(r_{\text{co}}/r_{\text{ci}})}{K_{\text{cas}}} + \frac{r_{\text{to}}\ln(r_{\text{cem}}/r_{\text{co}})}{K_{\text{cem}}}\right]^{-1} \tag{6-111}$$

式中，r_{co}、r_{ci}——分别为套管外、内半径(m)；

r_{to}、r_{ti}——分别为油管外、内半径(m)；

h_f——管柱内气体与管壁之间的传热系数[W/(m²·K)]；

h_c、h_r——环空气体对流和辐射传热系数[W/(m²·K)]；

K_{cem}——水泥环的导热系数[W/(m·K)]；

K_{tub}、K_{cas}——油管、套管导热系数[W/(m·K)]。

(4)地层瞬态传热函数的计算选用 Hasan-Kabir 提出的方法：

$$f(t) = \begin{cases} 1.1281\sqrt{t_D}(1 - 0.3\sqrt{t_D}), t_D = \alpha t / r_{\text{cem}}^2 \leqslant 1.5 \\ (0.4063 + 0.5\ln t_D)(1 + 0.6/t_D), t_D > 1.5 \end{cases} \tag{6-112}$$

式中，α——地层扩散系数(m^2/s)；

　　　t——时间(s)；

　　　r_{cem}——水泥环半径(m)。

3. 井筒压力分布模型

单相气井的井筒压力分布模型在 3.1 节中已有介绍，是在流动状态井筒压力微分方程的基础上，对井筒进行分段求解。

流动状态下井筒压力微分方程为

$$-\frac{dp}{dz} = \rho g \sin\theta + \frac{\tau_w \pi d}{A} + \rho v \frac{dv}{dz} \tag{6-113}$$

将井筒等分成 N 段，每段长度为 $\triangle h$，然后可得到每一段出口处的井筒压力公式，引入参数 C_1、C_2、I，简化为

$$p_{in} - p_{out} = \left[C_2 g \sin\theta (z_{out} - z_{in}) \left(\frac{Z_{out}}{I_{out}} + \frac{Z_{in}}{I_{in}} \right) / 2 + C_1^2 C_2 (I_{out} - I_{in}) \frac{Z_{out} + Z_{in}}{2} \right.$$

$$\left. + \frac{f^2 C_1 C_2}{2d} \frac{(z_{out} - z_{in})(I_{out} Z_{out} + I_{in} Z_{in})}{2} \right] \times 10^{-6} \tag{6-114}$$

需要说明的是，摩阻系数的算法可以用 Jain 在 1976 年提出的计算公式：

$$\frac{1}{\sqrt{f}} = 1.14 - 2\lg\left(\frac{e}{d} + \frac{21.25}{Re^{0.9}} \right) \tag{6-115}$$

$$Re = \frac{\rho v d}{\mu_g} \tag{6-116}$$

式中，Re——雷诺数；

　　　f——摩阻系数；

　　　e——绝对粗糙度(m)，对于新油管，推荐 $e=0.016mm$；

　　　μ_g——气体黏度($Pa \cdot s$)。

4. 井筒温度、压力耦合分析及计算步骤

从前面的推导过程可以看出，推导温度和压力的式子并非是互相独立的，而是有着非常密切的关系。在预测温度时，需已知压力梯度和比定压热容、焦耳-汤姆逊效应系数和总传热系数等物性参数，而这些参数均是压力、温度的函数；在预测压力时，也遇到类似的情况，需要知道温度和压缩因子、摩阻系数等物性参数，这些参数亦是压力和温度的函数，而此时的压力、温度是未知的。由此可见，压力和温度之间相互耦合，不能单独计算，需采用迭代同时求解。下面研究进行迭代运算时的温度初值的计算方法。

1)温度初值计算

取井底为坐标原点，垂直向上为 z 轴正向，在油管取长为 dz 的微元体，如图 6-12所示。

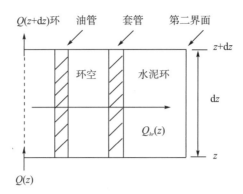

图 6-12　井筒能量守恒微元体分析

根据能量守恒定律得

$$Q(z) = Q(z + \mathrm{d}z) + Q_{r_\mathrm{h}}(z) \tag{6-117}$$

其中:

$$Q(z) = Q_\mathrm{g} C_\mathrm{p} T_\mathrm{f}(z) \tag{6-118}$$

$$Q(z + \mathrm{d}z) = Q_\mathrm{g} C_\mathrm{p} T_\mathrm{f}(z + \mathrm{d}z) \tag{6-119}$$

$$Q_{r_\mathrm{h}}(z) = 2\pi r_\mathrm{to} U_\mathrm{to}(T_\mathrm{f} - T_\mathrm{h})\mathrm{d}z \tag{6-120}$$

将式(6-118)~式(6-120)代入式(6-89)得

$$Q_\mathrm{g} C_\mathrm{p} \frac{\partial T_\mathrm{f}}{\partial z} = 2\pi r_\mathrm{to} U_\mathrm{to}(T_\mathrm{h} - T_\mathrm{f}) \tag{6-121}$$

从第二界面向周围地层的径向传热量为

$$Q_{r_\infty}(z) = \frac{2\pi k_\mathrm{e}(T_\mathrm{h} - T_\mathrm{f})}{f(t)}\mathrm{d}z \tag{6-122}$$

显然,从井筒传到第二界面的热量等于从第二界面传给周围地层的热量。于是由式(6-121)和式(6-122)得

$$T_\mathrm{h} = \frac{k_\mathrm{e} T_\mathrm{e} + r_\mathrm{to} U_\mathrm{to} T_\mathrm{f} f(t)}{k_\mathrm{e} + r_\mathrm{to} U_\mathrm{to} f(t)} \tag{6-123}$$

将式(6-123)代入式(6-121)得

$$\frac{\partial T_\mathrm{f}}{\partial z} + A T_\mathrm{f} - A T_\mathrm{e} = 0 \tag{6-124}$$

$$T_\mathrm{f} = C \mathrm{e}^{-Az} + T_\mathrm{e} + \frac{g_\mathrm{T}}{A} \tag{6-125}$$

根据前面给出的边界条件得每一段出口温度为

$$T_\mathrm{fout} = T_\mathrm{eout} + \mathrm{e}^{A(z_\mathrm{in} - z_\mathrm{out})}\left(T_\mathrm{fin} - T_\mathrm{ein} - \frac{g_\mathrm{T}}{A}\right) + \frac{g_\mathrm{T}}{A} \tag{6-126}$$

式(6-126)即为计算整个井筒温度分布的简化数学模型。同式(6-102)相比,式(6-126)忽略了焦耳-汤姆逊系数、速度梯度和摩擦生热的影响。可将式(6-126)计算得到的出口温度值作为式(6-102)的温度初值,然后采用迭代法使问题得到解决。

2)井筒压力、温度计算步骤

根据前面的分析,我们能够预测出单相气体稳定流动时的压力和温度,这里假设已知井底条件，采用双重迭代法进行求解，据此计算整个井筒的压力和温度分布如下所述(图 6-13)。

(1)给定井底条件：$z=0$ 时，$T_{in}=T_{ebh}$，$T_{ein}=T_{ebh}$，$p_{in}=p_{bh}$。以井底流动压力(或井口压力)为起点，按深度差分段，用压差进行迭代。在开始计算之前，必须知道以下参数：井深、产气量、气体密度、油管直径、井底温度(井口温度)、井底压力地温梯度、管有内壁绝对粗糙度等。将整个油管分段，每一段的长度为 Δh，其大小取决于精度的要求，一般小于整个管长的 5%。

(2)根据式(6-126)计算第一段出口处的温度。

(3)根据式(6-114)计算第一段出口处的压力及速度。

(4)根据式(6-102)计算第一段出口处的温度。

(5)比较第(4)步和第(2)步的计算结果，如不满足精度要求，则将第 4 步的结果作为第 3 步计算的初值，重新计算直到满足精度要求。

(6)将第一段的计算结果作为第二段的已知条件，$T_{in}=T_{out}$，$T_{ein}=T_{eout}$，$p_{in}=p_{out}$，重复(3)~(5)步，即可计算出第二段出口处的温度和压力。

(7)依次类推，即可求得沿整个井筒的压力、温度分布。

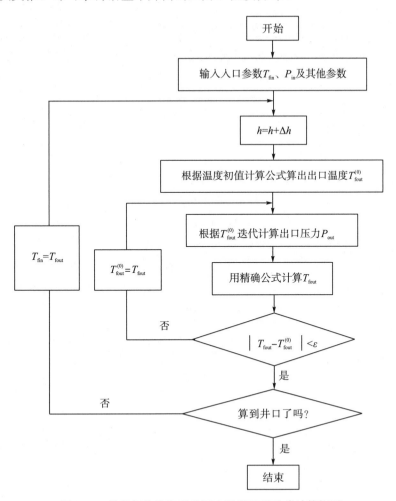

图 6-13　单相气体稳定流动压力温度双重迭代计算框图

5. 实例计算分析[3]

为了验证含硫气井压力温度分布模型的正确性，这里选取国外多口含硫气井来进行验证分析，含硫气井的流体参数和地层参数如表 6-14 所示。

表 6-14　高含硫井基本参数

序号	地层	井深/m	地温梯度 /(℃·m^{-1})	气体 相对密度	H$_2$S/%	临界压力 /MPa	临界温度/K	产气量 /(10^{4}m^3·d^{-1})
1	Hauptdolomit	3352.8	0.0382	0.74	14.0	5.56	232.70	21.24
2	Devonian Wabamun	3649.4	0.0207	0.66	15.34	5.31	221.75	50.69
3	Leduc D-3	3661.9	0.0278	0.67	16.8	5.37	223.85	85.32
4	Mississippian Mout Head	2835.6	0.0218	0.69	13.2	5.25	225.47	21.51

利用上述模型的方法计算出来的各含硫气井井口压力和温度与实测作对比，可以看到，压力的预测值和温度的预测值与实际值都非常接近，最大误差分别为 5.08% 和 7.50%（表 6-15）。这些误差基本在工程应用允许范围内，所以也证明了本模型基本能够满足现场要求，可以用来预测高含硫气井井筒压力温度的分布。

表 6-15　各高含硫井井口压力温度预测计算值与实际测量值对比

序号	测量值				预测值			
	井底压力 /MPa	井底温度 /℃	井口压力 /MPa	井口温度 /℃	井口压力 /MPa	相对误差 /%	井口温度 /℃	相对误差 /%
1	41.36	145	20.68	65.56	21.35	5.08	65.99	0.78
2	29.99	86.67	15.41	40.0	15.40	0.01	43.05	7.50
3	36.54	120	17.17	60.0	18.01	4.82	60.39	0.50
4	30.34	73.89	10.21	30.0	10.54	3.02	31.33	3.21

在不同的节点计算压力和温度时，同时也可以计算出这个节点处的流体物性参数，图 6-14～图 6-19 显示了井筒中含硫气体的各物性参数的分布情况。以 Mississippian Mout Head 为例子。

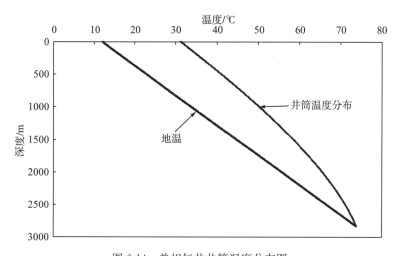

图 6-14　单相气井井筒温度分布图

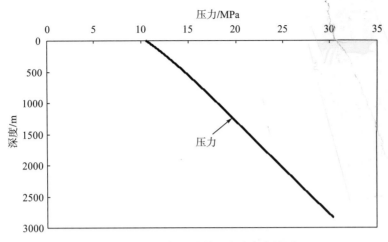

图 6-15 单相气井井筒压力分布曲线图

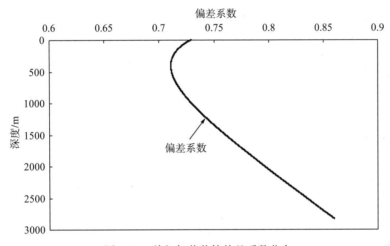

图 6-16 单相气井井筒偏差系数分布

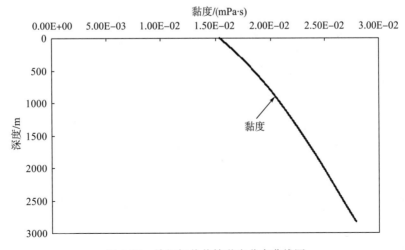

图 6-17 单相气井井筒黏度分布曲线图

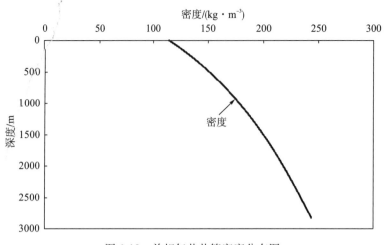

图 6-18　单相气井井筒密度分布图

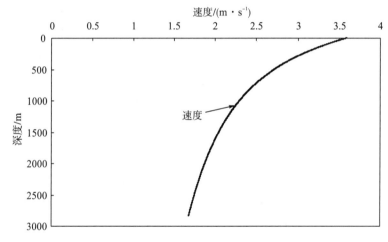

图 6-19　单相气井井筒流体流速分布图

从图 6-14～图 6-19 的分布规律可以看到，气井的井筒温度和压力分布都不是规则的直线，偏差系数在井底到井口的过程中变化是不规律的，黏度、密度从井底到井口的过程中减小了，井底减小的幅度比较大，离井口越近，减小的幅度越小。与密度相反的是，井流速度在从井底到井口流动的过程中是逐渐增大的。

气井井筒压力温度受很多因素影响，如气体组成（气体相对密度）、产气量、地温梯度、水泥环导热系数、岩性等。这里主要从产气量、硫化氢含量方面分析它们对气井井筒压力温度分布的影响变化。

1）H_2S 含量对温度压力分布的影响

当井筒流体中 H_2S 含量发生变化的时候，井筒中温度压力的分布也会产生差异，图 6-20～图 6-23 是井筒流体中 H_2S 含量分别为 5%、13.2%、25% 的时候，井筒中温度、压力、密度、速度的分布曲线。

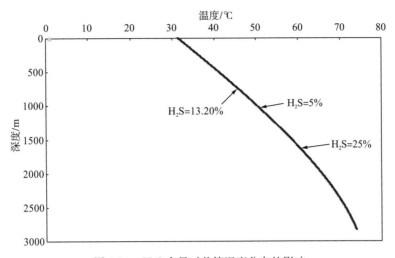

图 6-20 H₂S 含量对井筒温度分布的影响

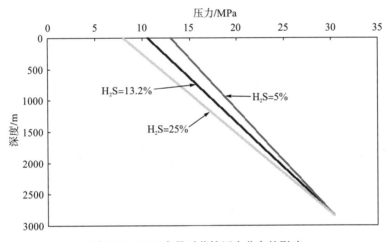

图 6-21 H₂S 含量对井筒压力分布的影响

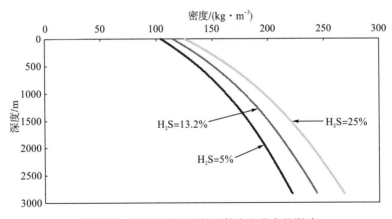

图 6-22 H₂S 含量对井筒流体密度分布的影响

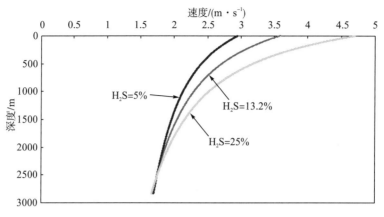

图 6-23　H_2S 含量对井筒流体分布的影响

从上面不同 H_2S 含量的比较图可以看到，同一井深处，气体压力随着 H_2S 含量增加（相当于气体相对密度增加）而减小，即 H_2S 含量越大，气体压力沿井筒下降越快；温度随 H_2S 含量增加，变化不明显；气体密度随 H_2S 含量增加而增加；气体流速相对于 H_2S 含量增加变化复杂，在井底高温高压下，H_2S 含量增加，流速却降低，但是在向井口流动过程中可能会出现气体流速随 H_2S 含量增加而增加的情况，主要受压力、温度、偏差系数影响共同作用，这几者之间的变化快慢程度决定了流速的变化趋势。

2）产量对温度压力分布的影响

当气井产量发生变化的时候，气井中的温度压力分布会产生较大的差异，图 6-24～图 6-27 为气井产量分别取 $21.51 \times 10^4 \mathrm{m}^3/\mathrm{d}$、$40 \times 10^4 \mathrm{m}^3/\mathrm{d}$、$80 \times 10^4 \mathrm{m}^3/\mathrm{d}$ 时，井筒中温度压力及其他参数的分布情况。

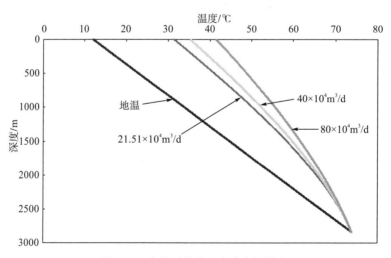

图 6-24　产量对井筒温度分布的影响

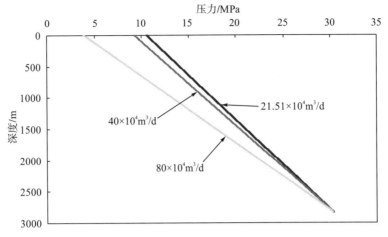

图 6-25　产量对井筒压力分布的影响

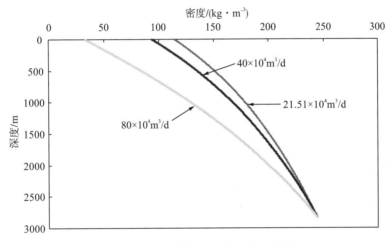

图 6-26　产量对井筒流体密度分布的影响

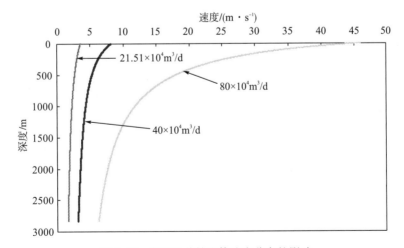

图 6-27　产量对井筒流体速度分布的影响

从图 6-24～图 6-27 可以看出，深度一定时，气体压力随产气量增大而降低，因摩阻压降增大；温度随产气量增大，热损失减小，温度变大；密度随产气量增大而减小，因为气体压力降低且温度升高；流速随产气量增大而增大。产量一定时，压力、温度随井深减小而降低，因为气体在向井口方向流动过程中要克服重力和摩阻并且向地层传热；密度随井深变化，因为密度不仅与压力、温度有关还与偏差系数有关，产量较高时，气体密度随井深减小而减小，而当产量较低时，甚至可能会出现井口处的气体密度比井底处大的情况；流速变化与密度变化正好相反。

3）地温梯度对温度压力分布的影响

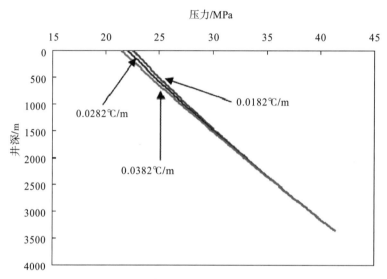

图 6-28　不同地温梯度对压力分布影响

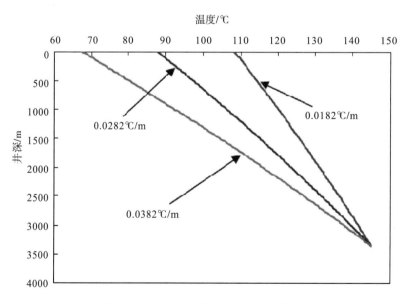

图 6-29　不同地温梯度对温度分布影响

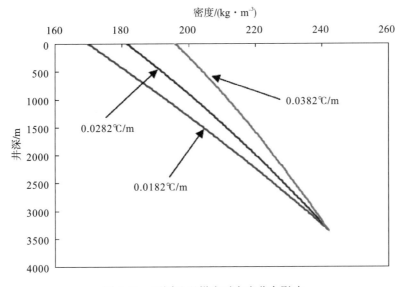

图 6-30　不同地温梯度对密度分布影响

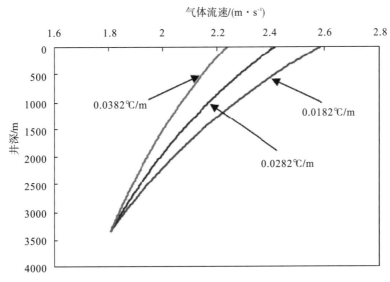

图 6-31　不同地温梯度对流速分布影响

　　从图 6-28~图 6-31 中可以看出，在同一井深处，气体压力受地温梯度的影响程度很小，略微表现为地温梯度越小，气体压力越大；气体温度受地温梯度影响很大，图 6-29 中显示每变化一个地温梯度值，井口气体温度相差近 20℃，地温梯度越小，气体温度沿井筒下降得越慢；气体密度表现出随地温梯度增加而增加，而气体流速正好与密度变化相反随地温梯度增加而降低。

6.3.2 多相气井井筒温度压力预测

1.气液两相流压力温度分布模型

不考虑气井产水的情况，流体首先以单相气态从井底向井口流动，当硫从井筒中析出以后，在较高的压力和温度下是以液态存在的，所以这个时候井筒中出现的是气液两相流动。

液态硫随气体一起在井筒流动过程中会出现以下几种流型(图 6-32)。

(1)泡流(bubble flow)。当气液两相混合物中含气率较低(压力稍低于原油饱和压力)时，气相以分散的小气泡分布于液相中，在管子中央的气泡较多，靠近管壁的气泡较少，小气泡近似球形。气泡的上升速度大于液体流速，而混合物的平均流速较低。泡流的特点是：气体为分散相，液体是连续相；气体主要影响混合物密度，对摩阻的影响不大，而滑脱现象比较严重。

(2)段塞流(slug flow)。当混合物继续向上流动时，压力逐渐降低，气体不断膨胀，含气率增加，小气泡相互碰撞聚合而形成大气泡，其直径接近于管径。气泡占据了大部分管子截面，形成一段液一段气的结构。气体段塞形像炮弹，其中也携带有液体微粒。在两个气段之间夹杂小气泡向上流动的液体段塞，这种弹状气泡举升液体的作用很像破漏的活塞向上推进。在段塞向上运动的同时，弹状气泡与管壁之间的液体层也存在相对流动。虽然如此，在这种流型下，液、气相间的相对运动较泡流小，滑脱也小。段塞流是两相流中举升效率最高的流型。

(3)过渡流(transition flow)。液相从连续相过渡到分散相，气相从分散相过渡到连续相，气体连续向上流动并举升液体，有部分液体下落、聚集，而后又被气体举升。这种混杂的、振荡式的液体运动是过渡流的特征，因此也称之为搅动流。

(4)雾状流(annular flow)。当含气率更大时，气弹汇合成气柱在管中流动，液体沿着管壁成为一个流动的液环，这时管壁上有一层液膜。通常总有一些液体被夹带，以小液滴形式分布在气柱中。

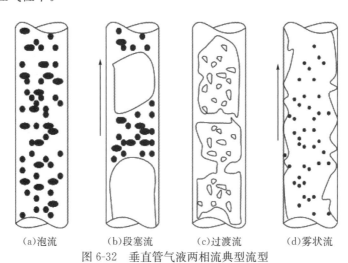

(a)泡流   (b)段塞流   (c)过渡流   (d)雾状流

图 6-32 垂直管气液两相流典型流型

硫在高温高压下的溶解度也很大，所以说，高温高压下硫的析出量一般非常小，液态硫与酸气共存时一般会以环状硫的形式流动。即硫会以小液滴的形式沿着井壁流动，也会有一些被夹带，分散在气柱中。

1）压力分布计算

从多向流入手，考虑到气流携带多硫化氢，气体状态由气-气单相转变成气-液两相，建立起该气流的物理数学模型。

假设条件为：

（1）气体流动状态为稳定单相流动；

（2）井筒内传热为稳定传热；

（3）地层传热为不稳定传热，且无因次时间函数；

（4）油套管同心。

对于垂直两相流的压力梯度方程和单相气流的压力梯度方程式相似的有

$$\begin{cases} -\dfrac{\mathrm{d}p}{\mathrm{d}z} = \rho_m g \sin\theta + \tau_f + \rho_m v_m \dfrac{\mathrm{d}v_m}{\mathrm{d}z} \\ v_m = v_{sl} + v_{sg} \\ \rho_m = (1 - H_g)\rho_1 + H_g \rho_g \end{cases} \tag{6-127}$$

式中，τ_f——摩阻梯度（KN/M）；

ρ_m——混合物密度（kg/m³）；

ρ_1——液相密度（kg/m³）；

H_g——持气率；

ρ_g——气体密度（kg/m³）；

v_m——混合物表观流速（kg/m³）；

v_{sl}——液相表观流速（kg/m³）；

v_{sg}——气相表观流速（kg/m³）；

θ——坐标 z 轴与水平方向的夹角。

2）气液两相流特性参数计算

（1）混合物平均密度为

$$\rho_m = (1 - H_g)\rho_1 + H_g \rho_g \tag{6-128}$$

雾状流一般发生在高气液比、高流速条件下，液相以小液滴形式分散在气柱中呈雾状，这种高速气流携液能力强，其滑脱速度很小，一般可忽略不计，故

$$H_g = \frac{q_g}{q_1 + q_g} \tag{6-129}$$

式中，q_g——气相的体积流量（m³/s）；

ρ_m——混合物密度（kg/m³）；

ρ_1——液体密度（kg/m³）；

ρ_g——气体密度（kg/m³）；

q_1——液相的体积流量(m^3/s);

H_g——持气率。

液态硫的密度在温度不同的情况下是不相同的,这里按如下公式计算:

$$
\left.
\begin{aligned}
\rho_s &= 2137.7 - 0.8487T, & 392K < T < 422K \\
\rho_s &= 21125 - 129.29T + 0.2885T^2 - 2.1506 \times 10^{-4}T^3, & 422K < T < 462K \\
\rho_s &= 2050.8 - 0.6204T, & 462K < T < 718K
\end{aligned}
\right\}
$$
(6-130)

(2)混合物的摩阻压力损失梯度 τ_f 计算如下,雾状流的摩阻压力梯度则按连续气相计算:

$$\tau_f = f\frac{\rho_g v_g^2}{2d}$$
(6-131)

$$f = \left[1.14 - 2\lg\left(\frac{e}{d} + \frac{21.25}{N_{Re}^{0.9}}\right)\right]^{-2}$$
(6-132)

式中的雷诺数 N_{Re} 代换呈气相雷诺数 N_{Re}。

$$N_{Re} = dv_g\rho_g/\mu_g$$
(6-133)

雾状流时液膜的相对粗糙度一般为 $0.001\sim0.5$,需根据 N_w 按以下公式计算:

$$N_w = \left(\frac{v_g\mu_1}{\sigma}\right)\frac{\rho_g}{\rho_1}$$
(6-134)

由 Bacon 和 Fanelli 的测试数据拟合到的预测液态硫黏度与温度关联式如下:

$$
\left.
\begin{aligned}
\mu_1 &= 0.45271 - 2.0357 \times 10^{-3}T + 2.3208 \times 10^{-6}T^2, & 392K < T < 432K \\
\mu_1 &= -4.5115 \times 10^{-3}T^3 + 6.0061T^2 - 2660.9T + 392350, & 432K < T < 461K \\
\mu_1 &= \frac{108.03}{\left[1 + e^{0.0816(T-476.08)}\right]^{0.512}} + 0.9423, & 461K < T < 718K
\end{aligned}
\right\}
$$
(6-135)

预测不同温度下纯硫表面张力方程如下式:

$$
\left.
\begin{aligned}
\sigma &= 0.1021 - 1.05 \times 10^{-4}, & 392K < T < 432K \\
\sigma &= 8.116 \times 10^{-2} - 5.66 \times 10^{-5}T, & 432K < T < 718K
\end{aligned}
\right\}
$$
(6-136)

当 $N_w \leqslant 0.05$ 时

$$\frac{e}{d} = \frac{34\sigma}{\rho_g v_g^2 d}$$
(6-137)

当 $N_w > 0.05$ 时

$$\frac{e}{d} = \frac{174.8\sigma N_w^{0.302}}{\rho_g v_g^2 d}$$
(6-138)

式中,σ——气液表面张力(N/m)。

(3)混合流体流速近似为气体流速。

3)温度分布模型

气液两相温度的计算与单相的温度分布模型一样,区别就是两相的热性参数的计算与单相有所不同。

$$T_{\text{fout}} = T_{\text{eout}} + \frac{1 - e^{-A(z-z_{\text{in}})}}{A}\left(-\frac{g}{C_{\text{pm}}} + C_{\text{Jm}}\frac{\mathrm{d}p}{\mathrm{d}z} - \frac{v_{\text{m}}}{C_{\text{pm}}}\frac{\mathrm{d}v_{\text{m}}}{\mathrm{d}z} + g_{\text{T}} + \frac{f_{\text{g}}v_{\text{m}}^2}{2C_{\text{pm}}d}\right)$$
$$+ e^{-A(z-z_{\text{in}})}(T_{\text{fin}} - T_{\text{ein}}) \tag{6-139}$$

式中，C_{pm}——混合物比定压热容 $[\text{J}/(\text{kg}\cdot\text{℃})]$；

$\quad C_{\text{Jm}}$——混合物的焦耳-汤姆逊系数。

混合物的比定压热容可以按下面的方法计算：

$$C_{\text{pm}} = \frac{Q_{\text{g}}}{Q_{\text{m}}}C_{\text{pg}} + \frac{Q_{\text{l}}}{Q_{\text{m}}}C_{\text{pl}} \tag{6-140}$$

式中，C_{pg}、C_{pl}——气相、液相比定压热容 $[\text{J}/(\text{kg}\cdot\text{℃})]$；

$\quad Q_{\text{g}}$、Q_{l}、Q_{m}——气相、液相及混合物质量流量 (kg/s)。

液态硫的比热容计算：

$$\left.\begin{array}{l} C_{\text{pl}} = 3.636\times10^7 e^{1925(T-440.4)} + 2.564\times10^{-3}T, \qquad\qquad 392\text{K} < T < 431.2\text{K} \\[2mm] C_{\text{pl}} = 1.065 + \dfrac{2.599}{T-428} - \dfrac{0.3092}{(T-428)^2} + 5.911\times10^{-9}(T-428)^3, 431.2\text{K} < T < 718\text{K} \end{array}\right\}$$
$$\tag{6-141}$$

式中，C_{Jm}——混合物的焦耳-汤姆逊系数，其计算方法如下所述。

气液两相流混合物的焓和压力梯度、温度梯度的关系为

$$\frac{\mathrm{d}h}{\mathrm{d}z} = -C_{\text{Jm}}C_{\text{pm}}\frac{\mathrm{d}p}{\mathrm{d}z} + C_{\text{pm}}\frac{\mathrm{d}T_{\text{f}}}{\mathrm{d}z} \tag{6-142}$$

混合物的焓可表示成

$$\frac{\mathrm{d}h}{\mathrm{d}z} = \frac{Q_{\text{g}}}{Q_{\text{m}}}\frac{\mathrm{d}h_{\text{g}}}{\mathrm{d}z} + \frac{Q_{\text{p}}}{Q_{\text{m}}}\frac{\mathrm{d}h_{\text{s}}}{\mathrm{d}z} \tag{6-143}$$

其中，

$$\frac{\mathrm{d}h_{\text{g}}}{\mathrm{d}z} = -C_{\text{Jg}}C_{\text{pg}}\frac{\mathrm{d}p}{\mathrm{d}z} + C_{\text{pg}}\frac{\mathrm{d}T_{\text{f}}}{\mathrm{d}z} \tag{6-144}$$

$$\frac{\mathrm{d}h_{\text{l}}}{\mathrm{d}z} = -C_{\text{Jl}}C_{\text{pl}}\frac{\mathrm{d}p}{\mathrm{d}z} + C_{\text{pl}}\frac{\mathrm{d}T_{\text{f}}}{\mathrm{d}z} \tag{6-145}$$

根据前面分析可知，气相的焦耳-汤姆逊系数可表示为

$$C_{\text{Jg}} = \frac{RT_{\text{f}}^2}{C_{\text{pg}}p}\left(\frac{\partial Z}{\partial T_{\text{f}}}\right)_{\text{p}} \tag{6-146}$$

忽略液相的可压缩性，则其焦耳-汤姆逊系数可表示为

$$C_{\text{Jl}} = -\frac{1}{C_{\text{pl}}\rho_{\text{l}}} \tag{6-147}$$

将式(4-71)、式(4-72)代入式(4-70)，得

$$\frac{\mathrm{d}h}{\mathrm{d}z} = \left(-C_{\text{Jg}}C_{\text{pg}}\frac{Q_{\text{g}}}{Q_{\text{m}}} + C_{\text{Jl}}C_{\text{pl}}\frac{Q_{\text{l}}}{Q_{\text{m}}}\right)\frac{\mathrm{d}p}{\mathrm{d}z} + \left(C_{\text{pg}}\frac{Q_{\text{g}}}{Q_{\text{m}}} + C_{\text{ps}}\frac{Q_{\text{l}}}{Q_{\text{m}}}\right)\frac{\mathrm{d}T_{\text{f}}}{\mathrm{d}z} \tag{6-148}$$

对比式(4-75)、式(4-69)可以得到混合物的焦耳-汤姆逊系数为

$$C_{\text{Jm}} = -C_{\text{Jg}}\frac{C_{\text{pg}}}{C_{\text{pm}}}\frac{Q_{\text{g}}}{Q_{\text{t}}} + C_{\text{Jl}}\frac{C_{\text{pl}}}{C_{\text{pm}}}\frac{Q_{\text{l}}}{Q_{\text{t}}} \tag{6-149}$$

同样以 Mississippian Mout Head 井为例子进行分析，假设从地层流入井底的气体中

已经有硫析出，并且析出的元素硫在整个井筒的流动过程中全部以液态存在，且能够全部随气体向井口方向均匀流动，讨论气体中液相硫持液率对井筒压力、温度分布影响。

气液两相流动井筒段压力、温度计算可以参考单相气体井筒段，其不同之处，就是在计算不同参数时，需要叠加液相存在下时对各变量的影响。

图 6-33、图 6-34 分别是假设的气体中硫固相持液率为 0、1%、3% 三种情况下井筒压力温度变化。可以看出，同一井深处，液相硫持液率越大，压力越小，即气体沿井筒压降变化越快，主要有液相硫液滴存在时摩阻压降增加等原因；对于温度随不同液相硫持液率增加变化不明显。

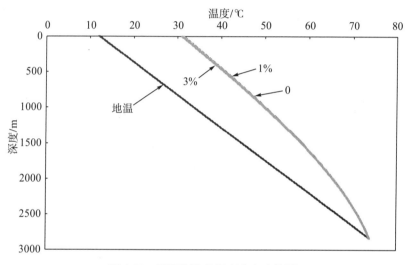

图 6-33　不同持液率温度分布比较图

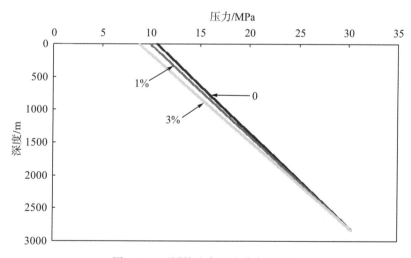

图 6-34　不同持液率压力分布比较图

2. 气固两相流压力温度分布模型

当井筒中温度降低，出现固态硫的时候，井筒中就开始气固两相流，在气流的作用下，固体颗粒群在管道内的运动是复杂的。因为固体颗粒受重力、浮力、气动阻力的作用。此外，由于气流速度分布的不均匀和气流脉动，加上颗粒形状的不规则，颗粒在上升运动的同时，还有纵向、横向脉动和旋转运动，就使颗粒还可能受到附加质量力、巴塞特力、萨夫曼升力和马格努斯效应等的作用。再加上颗粒与颗粒、颗粒与管壁之间可能出现碰撞，它们的综合作用形成了颗粒不规则的复杂上升运动。当固体颗粒群在水平管道内输送时，气动阻力对颗粒的悬浮已不起直接作用。使颗粒悬浮的力可能有浮力、气流脉动对颗粒的推力、萨夫曼升力、马格努斯效应以及颗粒与颗粒、颗粒与管壁之间碰按时的反作用力等。它们的综合作用形成了颗粒的不规则的复杂前进运动。但就颗粒群的整体运动看，它们又有与气-液两相混合物在管内流动相类似的流型；这些流型与气流速度、混合固态硫在气体中的流动会出现以下几种流态(图 6-35)。

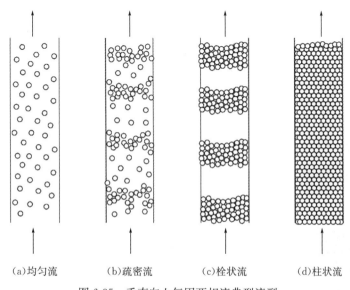

(a)均匀流　　(b)疏密流　　(c)栓状流　　(d)柱状流

图 6-35　垂直向上气固两相流典型流型

(1)均匀流：当气流速度相当高时，固体颗粒在高速气流作用下随气体一起运动，且在管道截面均匀分布，如图 6-35(a)所示。

(2)疏密流：当气流速度降低到一定程度时，颗粒虽仍悬浮向上输送，但颗粒群在气流中呈疏密不一的非均匀分布，如图 6-35(b)所示。

(3)栓状流：随气流速度继续降低，颗粒群开始噎塞管道，形成料栓，成为不稳定的栓状流，如图 6-35(c)所示。

(4)柱状流：随气流速度进一步降低，栓状流动也不能维持，料栓聚集成料柱，气体像通过多孔介质那样流过料柱，同时以它的压力推动料柱向上输送，如图 6-35(d)所示。

所以这里把气固两相的流动等效成普通气液两相的流动来进行压力温度分布研究。区别是，气固两相的密度，摩阻与气液的计算会有差异。

1)颗粒群运动微分方程

如图 6-36 所示，以管子轴线为坐标轴 z，规定其正向与流体流动方向一致，定义管斜角 θ 为坐标轴 z 与水平方向的夹角。忽略作用在颗粒上的次要力，只考虑颗粒受三个主要作用力，即气流作用在颗粒上的阻力(这里是推动颗粒前进的力)、颗粒的重力以及由于颗粒与颗粒、颗粒与管壁碰撞产生的摩擦力。用 F_D、W、F_{fp} 分别代表作用在微元体 dz 段内颗粒群上的阻力、颗粒群重力、管壁对颗粒群的摩擦力，则微元体内颗粒群的运动微分方程为

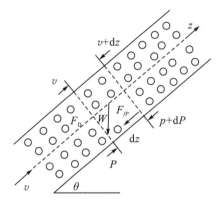

图 6-36　倾斜管内气-固两相均匀流

$$F_D - W\sin\theta - F_{fp} = Q_p \frac{dz}{v_p} \frac{dv_p}{dt} \tag{6-150}$$

(1) 流体作用力 F_D：

$$F_D = Nf_D = \frac{6}{\pi d_p^3} \frac{\rho_p' A \Delta z}{\rho_p} \times C_D \frac{\rho_g (v_g - v_p)^2}{2} \frac{\pi d_p^2}{4} = C_D \frac{3\rho_g v_p Q_p}{4\rho_p d_p} \left(\frac{v_g}{v_p} - 1\right)^2 \Delta z \tag{6-151}$$

式中，C_D——阻力系数；

　　　　f_D——气流作用在每个颗粒上的阻力；

　　　　N——微元体段内的颗粒总数；

　　　　d_p——固体硫颗粒直径。

(2) 颗粒群重力 W。由于假设忽略次要力如气体浮力等作用，可以视微元体内颗粒群重力等于它们自由沉降时的气动阻力，即

$$W = Q_p \frac{\Delta z}{v_p} g = Nf_{Df} = \frac{6}{\pi d_p^3} \frac{\rho_p' A \Delta z}{\rho_p} \times C_{Df} \frac{\rho_g v_f^2}{2} \frac{\pi d_p^2}{4} = C_{Df} \frac{3\rho_g v_f^2 Q_p}{4\rho_p d_p v_p} \Delta z \tag{6-152}$$

式中，C_{Df}——颗粒以自由沉降速度 v_f 降落时的气动阻力系数。

(3) 颗粒群与管壁的摩擦力 F_{fp}。颗粒群在管道中的运动非常复杂，要确切表示管壁对颗粒群的摩擦力几乎不可能。由于视颗粒群为伪流体，可以仿照管壁对气体的摩擦力将管壁对颗粒群的摩擦力写成

$$F_{fp} = \tau_w \pi d \cdot \Delta z = f_p \frac{\Delta z}{d} \frac{\rho_p' v_p^2}{2} \frac{\pi d^2}{4} \tag{6-153}$$

式中，f_p——固相摩擦系数。

通常，阻力系数可按通用的勃拉休斯公式表示：

$$C_D = \frac{c}{Re^n} = c \left[\frac{\rho_g (v_g - v_p) d_p}{\mu_g}\right]^{-n} \quad C_{Df} = \frac{c}{Re_f^n} = c \left[\frac{\rho_g v_f d_p}{\mu_g}\right]^{-n} \tag{6-154}$$

因此

$$\frac{C_{\mathrm{Df}}}{C_{\mathrm{D}}} = \left(\frac{Re}{Re_{\mathrm{f}}}\right)^{n} = \left(\frac{v_{\mathrm{g}} - v_{\mathrm{p}}}{v_{\mathrm{f}}}\right)^{n} \tag{6-155}$$

将式(6-155)代入式(6-154)得

$$W = Q_{\mathrm{p}}\frac{\Delta z}{v_{\mathrm{p}}}g = C_{\mathrm{D}}\frac{3\rho_{\mathrm{g}}v_{\mathrm{f}}^{2}Q_{\mathrm{p}}}{4\rho_{\mathrm{p}}d_{\mathrm{p}}v_{\mathrm{p}}}\left(\frac{v_{\mathrm{g}} - v_{\mathrm{p}}}{v_{\mathrm{f}}}\right)^{n}\Delta z \tag{6-156}$$

故有

$$\left(\frac{\partial h}{\partial T_{\mathrm{f}}}\right)_{p} = C_{\mathrm{p}}C_{\mathrm{D}} = \frac{4\rho_{\mathrm{p}}d_{\mathrm{p}}g}{3\rho_{\mathrm{g}}}\frac{v_{\mathrm{f}}^{n-2}}{(v_{\mathrm{g}} - v_{\mathrm{p}})^{n}} \tag{6-157}$$

将式(6-152)、式(6-154)、式(6-156)、式(6-157)代入式(6-151)，取 $\Delta z \to 0$ 时的极限，得颗粒群的运动微分方程：

$$\left(\frac{v_{\mathrm{g}} - v_{\mathrm{p}}}{v_{\mathrm{f}}}\right)^{2-n} - \sin\theta - \frac{f_{\mathrm{p}}}{d}\frac{v_{\mathrm{p}}^{2}}{2g} = \frac{1}{g}\frac{\mathrm{d}v_{\mathrm{p}}}{\mathrm{d}t} \tag{6-158}$$

由于颗粒速度 $v_{\mathrm{p}} = \mathrm{d}z/\mathrm{d}t$，又对于垂直井筒 $\theta = 90°$时代入上式，变形得硫颗粒在井筒中的运动微分方程：

$$\left(\frac{v_{\mathrm{g}} - v_{\mathrm{p}}}{v_{\mathrm{f}}}\right)^{2-n} - 1 - \frac{f_{\mathrm{p}}}{d}\frac{v_{\mathrm{p}}^{2}}{2g} = \frac{v_{\mathrm{p}}}{g}\frac{\mathrm{d}v_{\mathrm{p}}}{\mathrm{d}z} \tag{6-159}$$

2）压力分布计算

通过上面分析，根据能量理论，气固两相在井筒流动过程中的压降损失主要包括：加速损失，重力引起的损失和摩擦损失，即

$$\Delta p = \Delta p_{\mathrm{G}} + \Delta p_{\mathrm{a}} + \Delta p_{\mathrm{f}} \tag{6-160}$$

（1）流体静压差：

$$\Delta p_{\mathrm{G}} = \rho_{\mathrm{f}}g\Delta z \tag{6-161}$$

（2）加速压降。设颗粒的加速压降为 ΔP_{ap}，则在管道截面 A 上作用在颗粒上的加速力为 $\Delta p_{\mathrm{ap}} \cdot A$，在这个加速力的作用下，颗粒速度从 v_{p} 加速到$(v_{\mathrm{p}} + \Delta v_{\mathrm{p}})$，根据动量定律可得

$$\Delta p_{\mathrm{ap}} \cdot A \cdot \mathrm{d}t = \mathrm{d}Q_{\mathrm{p}}\left[(v_{\mathrm{p}} + \Delta v_{\mathrm{p}}) - v_{\mathrm{p}}\right] \tag{6-162}$$

其中，$\mathrm{d}Q_{\mathrm{p}} = Q_{\mathrm{p}} \cdot \mathrm{d}t = Q_{\mathrm{p}} \cdot \Delta z/v_{\mathrm{p}}$。

由式(6-162)得压降方程为

$$\Delta p_{\mathrm{ap}} = \frac{\mathrm{d}Q_{\mathrm{p}}\Delta v_{\mathrm{p}}}{A \cdot \mathrm{d}t} \tag{6-163}$$

将式(6-163)左右两边同时乘以 $\rho_{\mathrm{g}}v_{\mathrm{g}}^{2}$ 可得

$$\Delta p_{\mathrm{ap}} = \frac{\mathrm{d}Q_{\mathrm{p}}\Delta v_{\mathrm{p}}\rho_{\mathrm{g}}v_{\mathrm{g}}^{2}}{(\rho_{\mathrm{g}}v_{\mathrm{g}}A)\mathrm{d}tv_{\mathrm{g}}} = \frac{Q_{\mathrm{p}} \cdot \Delta v_{\mathrm{p}}\rho_{\mathrm{g}}v_{\mathrm{g}}^{2}}{Q_{\mathrm{p}}v_{\mathrm{g}}} = \xi\Delta v_{\mathrm{p}}\rho_{\mathrm{g}}v_{\mathrm{g}} \tag{6-164}$$

设气相加速压降为 Δp_{ag}，同理，根据动量定律可得

$$\Delta p_{\mathrm{ag}} = \rho_{\mathrm{g}}v_{\mathrm{g}} \cdot \Delta v_{\mathrm{g}} \tag{6-165}$$

$$\Delta p_{\mathrm{a}} = \Delta p_{\mathrm{ap}} + \Delta p_{\mathrm{ag}} = \xi\Delta v_{\mathrm{p}}\rho_{\mathrm{g}}v_{\mathrm{g}} + \rho_{\mathrm{g}}v_{\mathrm{g}} \cdot \Delta v_{\mathrm{g}} \tag{6-166}$$

（3）摩擦压降。摩擦压降主要包括固相硫颗粒与管壁摩擦、碰撞及颗粒间相互作用等

引起的压降 Δp_{fp} 和气相摩擦压降 Δp_{fg} 组成，即

$$\Delta p_{\text{f}} = \Delta p_{\text{fp}} + \Delta p_{\text{fg}} \tag{6-167}$$

设单位质量 dQ_{p} 的颗粒群在运动中所受到的颗粒与管壁的摩擦以及颗粒相互间的碰撞的阻力 dF_{fp} 为

$$dF_{\text{fp}} = dQ_{\text{p}} \cdot \frac{f_{\text{p}} v_{\text{p}}^2}{2d} \tag{6-168}$$

固相摩擦系数的计算，国内外学者通过大量实验得到了一些经验关系式，本书根据拉祖莫夫提出的在 $d/d_p > 20 \sim 25$ 时，可按下式确定：

$$f_{\text{p}} = \frac{27}{F_{\text{r}}^{0.75}} \tag{6-169}$$

式中，F_{r}——佛鲁德准数，$F_{\text{r}} = \dfrac{v_p^2}{g d_p}$。

将 $\Delta p_{\text{fp}} = \dfrac{\Delta F_{\text{fp}}}{A}$ 代入式(6-169)得

$$\Delta p_{\text{fp}} = dQ_{\text{p}} \cdot \frac{f_{\text{p}} v_{\text{p}}^2}{2d \cdot A} \tag{6-170}$$

将式(6-163)代入式(6-170)得

$$\Delta p_{\text{fp}} = \frac{Q_{\text{p}} \cdot \Delta z}{v_{\text{p}}} \cdot \frac{f_{\text{p}} v_{\text{p}}^2}{2d \cdot A} = \frac{\xi \rho_{\text{g}} A v_{\text{g}} \Delta z \cdot f_{\text{p}} v_{\text{p}}}{2d \cdot A} \tag{6-171}$$

即

$$\Delta p_{\text{fp}} = \xi \frac{v_{\text{p}}}{v_{\text{g}}} \cdot f_{\text{p}} \frac{\rho_{\text{g}} v_{\text{p}}^2}{2d \cdot A} \cdot \Delta z \tag{6-172}$$

相对于气相产生的摩擦压降 Δp_{gp} 可采用 Fanning 方程的形式表示：

$$\Delta p_{\text{fg}} = f_{\text{g}} \cdot \frac{\Delta z}{d} \cdot \frac{\rho_{\text{g}} v_{\text{g}}^2}{2} \tag{6-173}$$

因此，将式(6-172)、式(6-173)代入式(6-168)得

$$\Delta p_{\text{f}} = \xi \frac{v_{\text{p}}}{v_{\text{g}}} \cdot f_{\text{p}} \frac{\rho_{\text{g}} v_{\text{p}}^2}{2d \cdot A} \cdot \Delta z + f_{\text{g}} \cdot \frac{\Delta z}{d} \cdot \frac{\rho_{\text{g}} v_{\text{g}}^2}{2} \tag{6-174}$$

则整个控制体段的压降为

$$\Delta p = \rho_{\text{f}} g \Delta z + \xi \Delta v_{\text{p}} \rho_{\text{g}} v_{\text{g}} + \rho_{\text{g}} v_{\text{g}} \Delta v_{\text{g}} + \xi \frac{v_{\text{p}}}{v_{\text{g}}} \cdot f_{\text{p}} \frac{\rho_{\text{g}} v_{\text{p}}^2}{2d \cdot A} \cdot \Delta z + f_{\text{g}} \cdot \frac{\Delta z}{d} \cdot \frac{\rho_{\text{g}} v_{\text{g}}^2}{2}$$

$$\tag{6-175}$$

规定沿流体流动方向为正，因此整个气固流动井筒段压降梯度写成导数形式，气固两相流的降梯度为势能、摩阻、动能三部分的压力梯度之和：

$$-\frac{dp}{dz} = \rho_{\text{f}} g + \left(\xi \frac{v_{\text{p}}}{v_{\text{g}}} \cdot f_{\text{p}} + f_{\text{g}} \right) \frac{\rho_{\text{g}} v_{\text{g}}^2}{2d} + \rho_{\text{g}} v_{\text{g}} \left(\xi \frac{dv_{\text{p}}}{dz} + \frac{dv_{\text{g}}}{dz} \right) \tag{6-176}$$

3)气固两相流特性参数计算

(1)混合物平均密度：

$$\rho_{\text{m}} = (1 - H_{\text{g}}) \rho_{\text{s}} + H_{\text{g}} \rho_{\text{g}} \tag{6-177}$$

$$H_g = \frac{q_g}{q_s + q_g} \tag{6-178}$$

式中，q_g——气相的体积流量(m^3/s)；

　　q_m——气液两相混合物总体积流量(m^3/s)；

　　ρ_s——固态硫密度(kg/m^3)，这里选用固态硫的密度 $1960kg/m^3$；

　　q_s——液相的体积流量(m^3/s)。

（2）混合物摩阻压力损失梯度 τ_f 计算。气固两相流的摩阻压力损失梯度和气液的又不同，它由两部分组成，即硫颗粒与管壁摩擦碰撞产生的摩阻压力。

先引入混合比这样一个概念，通过管道的颗粒质量流量 Q_s 与气体的质量流量 Q_g 之比，称为混合比：

$$m = \frac{Q_s}{Q_g} \tag{6-179}$$

式中，m——气固混合比；

　　Q_s——固态硫颗粒的质量流量(kg/s)；

　　Q_g——气体流体的质量流量(kg/s)。

摩擦阻力压力损失梯度主要包括固相硫颗粒与管壁摩擦、碰撞及颗粒间相互作用等引起的压力损失梯度 τ_s 和气相摩擦阻力损失梯度 τ_g 组成，

$$\tau_m = \tau_s + \tau_g \tag{6-180}$$

$$\tau_s = m \frac{v_s}{v_g} \cdot f_s \frac{\rho_g v_g^2}{2d} \tag{6-181}$$

$$\tau_g = f_g \frac{\rho_g v_g^2}{2d} \tag{6-182}$$

固相摩擦系数的计算，可根据国外学者拉祖莫夫提出的确定方法：

$$f_s = \frac{27}{F_r^{0.75}} \tag{6-183}$$

式中，F_r——佛鲁德准数，$F_r = \frac{v_s^2}{g d_s}$；

　　d_s——硫颗粒直径(m)；

　　v_s——固态硫颗粒的速度(m/s)；

　　v_m——混合物流速(m/s)。

4）温度分布计算

气固两相温度的计算与气液相的温度分布模型一样。

$$T_{fout} = T_{eout} + \frac{1 - e^{-A(z-z_{in})}}{A}\left(-\frac{g}{C_{pm}} + C_{Jm}\frac{dp}{dz} - \frac{v_m}{C_{pm}}\frac{dv_m}{dz} + g_T + \frac{f_g v_m^2}{2C_{pm}d}\right) \\ + e^{-A(z-z_{in})}(T_{fin} - T_{ein}) \tag{6-184}$$

式中，C_{pm}——混合物比定压热容[$J/(kg \cdot ℃)$]；

　　C_{Jm}——混合物的焦耳-汤姆逊系数。

混合物的比定压热容可以按下面的方法计算：

$$C_{pm} = \frac{Q_g}{Q_m}C_{pg} + \frac{Q_1}{Q_m}C_{ps} \qquad (6-185)$$

式中，C_{pg}、C_{ps}——气相、固相比定压比热容$[J/(kg \cdot ℃)]$；

$\quad\quad Q_g$、Q_s、Q_m——气相、固相及混合物质量流量(kg/s)。

固态：

$$C_{ps} = 3.261 \times 10^{-3} + 5.185 \times 10^{-3}T - 1.296 \times 10^{-5}T^2 + 1.295 \times 10^{-8}T^3$$

$$(6-186)$$

式中，C_{Jm}——混合物的焦耳-汤姆逊系数，其计算方法如下：

$$C_{Jm} = -C_{Jg}\frac{C_{pg}}{C_{pm}}\frac{Q_g}{Q_m} + C_{Js}\frac{C_{ps}}{C_{pm}}\frac{Q_s}{Q_m} \qquad (6-187)$$

5）实例分析

还是以 Mississippian Mout Head 为例，假设井筒底部开始就有硫析出，在井筒内的流动过程中都是以固相存在，析出的硫颗粒能伴随气流流出井口。

气液两相流动井筒段压力、温度计算可以参考单相气体井筒段，其不同之处，就是在计算不同参数时，需要叠加固相存在下时对各变量的影响。

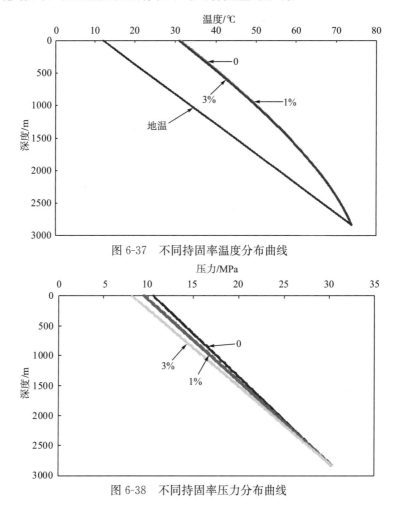

图 6-37　不同持固率温度分布曲线

图 6-38　不同持固率压力分布曲线

图 6-37、图 6-38 分别是假设的气体中固相硫持固率 0、1％、3％三种情况下井筒压力温度变化。可以看出，同一井深处，固相硫持固率越大，压力越小，即气体沿井筒压降变化越快，主要有固相硫颗粒存在时摩阻压降增加等原因；温度随不同固相硫持固率增加变化不明显。

从气液两相与气固两相的计算结果对比中可以看到，当析出的硫以液态存在时，对压力的影响较固态硫存在时的影响稍小。主要原因是气固两相的摩擦阻力影响压力降落的程度比较大。

3.多相耦合求解计算方法

气井井筒从下到上依次出现气相、气液两相、气液固三相时，求解就必须耦合不同相态时候的计算模型，因为元素硫的溶解和析出与井筒的压力温度分布是互相影响的，要进行耦合才能得到最接近真实的结果。

所以在单相流的基础上做了改进和补充，将硫的溶解度模型，硫的液态与固态的出现都与压力温度分布联系起来，温度压力的初值计算和单相流计算方法一样。求解的程序框图如图 6-39 所示。

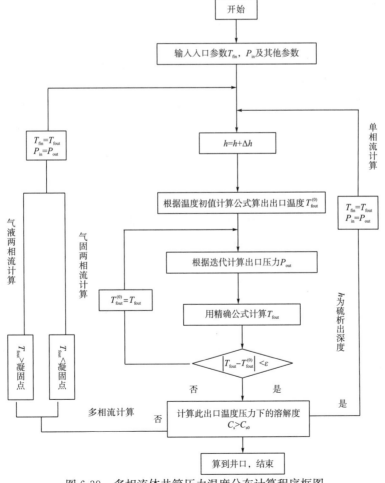

图 6-39　多相流体井筒压力温度分布计算程序框图

　　下面继续讨论压力温度耦合的修正沉积模型。

　　根据克拉柏龙气态方程：

$$\rho V = nRT \tag{6-188}$$

　　考虑到压力、温度发生改变，气流的一维稳定单向流动的其他参数也会发生失稳，如果要建立更加精确的硫沉积模型就需要考虑到流动过程中密度 ρ 和流速 v 的变化规律，建立其温度压力耦合的温度压力梯度修正沉积模型：

$$\left.\begin{aligned}
\frac{\mathrm{d}\rho}{\mathrm{d}z} &= \frac{-\dfrac{RZ_g\rho}{C_pM}\left[2a\left(T_f - T_e\right) - g\sin\theta\right] + \dfrac{f\rho v^2}{2D} - \rho g\sin\theta}{v^2 - \left[\dfrac{RZ_g v^2}{C_pM} + \dfrac{RZ_{gT}}{M}\right]} \\[2ex]
\frac{\mathrm{d}p}{\mathrm{d}z} &= \rho_m g\sin\theta + f_m \cdot \frac{\rho_m v_m^2}{2D} + \rho_m v_m \frac{\mathrm{d}v_m}{\mathrm{d}z} \\[2ex]
\frac{\mathrm{d}T_f}{\mathrm{d}z} &= -A\left(T_f - T_e\right) - \frac{g\sin\theta}{C_p} - \frac{v}{C_p}\frac{\mathrm{d}v}{\mathrm{d}z} + C_J\frac{\mathrm{d}p}{\mathrm{d}z} \\[2ex]
\frac{\mathrm{d}C}{\mathrm{d}p} &= 4\left(\frac{M_a r_g}{ZRT}\right)^4 \exp\left(\frac{-4666}{T} - 4.5711\right)P^3
\end{aligned}\right\} \tag{6-189}$$

　　在不考虑密度 ρ 和流速 v 的影响的情况下，模型能够对任意井段压力、温度积分，可以大致判断井中元素硫是否沉积和沉积的大概部位。但综合考虑到密度和流速的情况，这只是一个研究方向，目前还没有关于这方面的文献和成果报道。

6.4　高含硫气井井筒硫沉积预测

6.4.1　高含硫气井井筒硫液滴运移沉积模型

　　当析出位置处的井筒温度高于硫的凝固点时，硫将以小液滴形式存在。与固体硫颗粒一样，对于硫液滴同样存在临界流速，即当井筒气流速度大于硫液滴临界流速，认为硫液滴能被气体携带至地面。反之，硫液滴不能被气流携带出井筒，而在井筒中形成积液，随着时间的延长，井筒温度会下降，硫液滴会逐渐变为固态的硫颗粒，这样就会发生沉积甚至堵塞，影响气井正常生产。

1.硫液滴受力分析

　　从牛顿流体力学的质点运动来看，气流中的液滴主要受三种力作用，即液滴自身重力、气体对液滴的悬浮力和气体在流动过程中对液滴的携带力——曳力，如图 6-40 所示。在高含硫气井井筒中析出的硫液滴，也正是在这三种力作用下被携带至地面管线的。

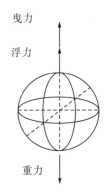

曳力

浮力

重力

图 6-40　硫液滴受力图

1）曳力

当硫液滴在井筒中运动，由于液滴与气流之间存在相对运动，故液滴将会受到气流的曳力。曳力作为气流在井筒流动中对硫液滴的携带力，可表示为

$$F_{R'} = m_1 a_s = \frac{3 m_1 C_d v_t^2 \rho_g}{4 d \rho_1} \qquad (6\text{-}190)$$

式中，$F_{R'}$——气体对硫液滴的携带力（N）；

　　　m_1——硫液滴质量（kg）；

　　　ρ_1——液态硫密度（kg/m^3）；

　　　ρ_g——天然气密度（kg/m^3）；

　　　C_d——曳力系数；

　　　a_s——携带力加速度（m/s^2）。

2）沉降重力

将硫液滴在气流中的自重力 G 和浮力 F_1 差值定义为硫液滴的沉降重力，可用下式表示

$$G_1 = G - F_1 = m_1 a_1 = \frac{m_1 g (\rho_1 - \rho_g)}{\rho_1} \qquad (6\text{-}191)$$

式中，G_1——硫液滴沉降重力（N）；

　　　F_1——硫液滴在气体中的浮力（N）；

　　　a_1——硫液滴沉降加速度（m/s^2）。

2. 硫液滴沉积模型

同硫颗粒一样，从机理的角度讲，力学因素，即气流中硫液滴的受力才是最终决定其处于何种状态的最本质的原因，只有满足硫液滴所受向上的力大于向下的力时，才可能促使其向上运动。由硫液滴在井筒气流中受力分析可知，当硫液滴所受到的浮力和曳力大于其重力时，硫液滴才能够在井筒中向上作加速运动，当硫液滴速度达到一定大小之后，必将受到向上和向下的力使其达到新平衡；反之硫液滴则向下作加速运动，以达到新的平衡，最终硫液滴将在井筒中作匀速运动。

硫液滴在井筒中作匀速运动，其合力为

$$F = F_{R'} - G_1 \tag{6-192}$$

当硫液滴正好处于受力平衡状态，则 $F=0$，即

$$\frac{m_1 g (\rho_1 - \rho_g)_1}{\rho_1} = \frac{3 m_1 C_d v_t^2 \rho_g}{4 d \rho_1} \tag{6-193}$$

化简上式，这样就可以得到硫液滴被携带所需的临界流速的计算公式：

$$V_{cr} = \sqrt{\frac{4 g d (\rho_1 - \rho_g)}{3 C_d \rho_g}} \tag{6-194}$$

这里采用李闽携液模型里面的曳力系数 $C_d = 1$，则硫液滴被携带所需的临界流速可用下式表示：

$$V_{cr} = \sqrt{\frac{4 g d (\rho_1 - \rho_g)}{3 C_d \rho_g}} = \sqrt{\frac{4 g d (\rho_1 - \rho_g)}{1.32 \rho_g}} \tag{6-195}$$

式中，V_{cr}——气流携带硫液滴所需的临界流速(m/s)；

d——硫液滴直径(m)。

由式(6-195)可知，在液体密度 ρ_1 和气体密度 ρ_g 一定的情况下，携带硫液滴到地面所需要的气体流速直接取决于液硫形成的液滴直径，硫液滴直径越大，所需携带硫液滴的流速也越大。被高速气流携带向上运动的液滴受到企图将它破坏的惯性力(用 $F_{惯}$ 表示，大小为 $V_g^2 \rho_g$)和力图保持它完整的表面压力(用 $F_{表}$ 表示，大小为 δ/d)两种相互对抗力的作用。两者的比值就是韦伯数，指惯性力与表面压力的比值，用 N_{ew} 表示为

$$N_{ew} = \frac{V_g^2 \rho_g}{\delta/d} = \frac{V_g^2 \rho_g d}{\delta} \tag{6-196}$$

式中，δ——液硫的表面张力(N/m)。

当气体流速足够大时，惯性力起主导作用，硫液滴就容易破裂。韦伯数超过临界值(取值 20～30)，液滴就会被粉碎。一般认为硫液滴稳定存在的极值是 30，将 $N_{ew} = 30$ 代入式(6-196)中，可以求出稳定硫液滴存在的最大直径为

$$d_{max} = \frac{30 \delta}{v_g^2 \rho_g} \tag{6-197}$$

将式(6-197)代入式(6-195)，得

$$V_{cr} = 2.08 \left[\frac{\delta (\rho_l - \rho_g)}{\rho_g^2} \right]^{0.25} \tag{6-198}$$

理论上讲，上式就是计算井筒析出硫以后，气流携带最大直径硫液滴到地面的最小气体流速。但参照产水气井现场实例，为保证携带硫液滴到地面，一般增加 20% 的安全系数。即

$$V_{cr} = 2.5 \left[\frac{\delta (\rho_l - \rho_g)}{\rho_g^2} \right]^{0.25} \tag{6-199}$$

则硫液滴被携带所需的临界流量为

$$q_{cr} = 2.5 \times 10^4 \frac{A p V_{cr}}{ZT} \tag{6-200}$$

式中，q_{cr}——硫液滴被携带所需的临界流量($10^4 \mathrm{m^3/d}$)；

A——油管截面积($\mathrm{m^2}$)。

6.4.2　高含硫气井井筒硫颗粒沉积模型

1.硫颗粒受力分析

在考虑硫颗粒受力分析的时候，为研究方便，并考虑问题的普遍性，先只考虑单颗粒在气体中的受力情况。经分析，认为作用在气流中单个颗粒上的力主要可分为质量力、压差力和表面力三类，其次还有附加质量力、Basset 力、Magnus 力、Saffman 力、升力等。

1）质量力

质量力包括惯性力、重力和浮力，其中惯性力只在固体颗粒具有加速度时才考虑。
(1)惯性力：

$$F_a = -\frac{1}{6}\pi d_p^3 \rho_p \frac{dV_p}{dt} \qquad (6\text{-}201)$$

(2)重力：

$$F_g = -\frac{1}{6}\pi d_p^3 \rho_p g \qquad (6\text{-}202)$$

(3)浮力：

$$F_f = \frac{1}{6}\pi d_p^3 \rho_g g \qquad (6\text{-}203)$$

式中，F_a——惯性力(N)；
　　　d_p——硫颗粒直径(m)；
　　　ρ_p——固态硫密度(kg/m^3)；
　　　V_p——硫颗粒流速(m/s)；
　　　F_g——硫颗粒所受到的重力(N)；
　　　F_f——硫颗粒所受到的浮力(N)。

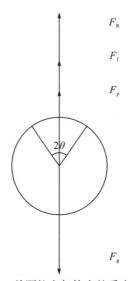

图 6-41　单颗粒在气体中的受力示意图

2）压差力

由于井筒中存在压力梯度，故硫颗粒还受到由流体压力梯度所产生的压差力 F_p，此压差力 F_p 区别于斯托克斯阻力中的压差阻力，后者是由于颗粒的存在而产生的，其中有 2/3 是摩擦阻力，1/3 是压差力。

为了分析硫颗粒在流场中受到的压差力，先建立一个由井筒自下而上的坐标系，如图 6-42 所示。假设在井筒中的某一个位置，流场的压力梯度为 $\partial p / \partial y$，流体在坐标原点处的压力为 p_0，取硫颗粒上角度变化 $\mathrm{d}\theta$ 的一个微元。

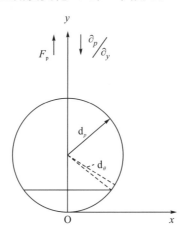

图 6-42　硫颗粒压差力示意图

在此微元面积内颗粒表面的压力表达式为

$$p = p_0 + \frac{d_p}{2}(1 - \cos\theta)\frac{\partial p}{\partial y} \tag{6-204}$$

在固体颗粒上所取得的微元面积为

$$\mathrm{d}A = 2\pi\left(\frac{d_p}{2}\right)^2 \sin\theta\mathrm{d}\theta \tag{6-205}$$

将颗粒微元单位面积上所受到的压力乘以颗粒微元的面积就可以得到该微元在 y 方向上的力为

$$\mathrm{d}F_p = \left[p_0 + \frac{d_p}{2}(1 - \cos\theta)\frac{\partial p}{\partial y}\right] \times 2\pi\left(\frac{d_p}{2}\right)^2 \sin\theta\cos\theta\mathrm{d}\theta \tag{6-206}$$

在上面的式子中将 θ 从 0 到 π 进行积分，就可以得到作用在整个颗粒上的压差力大小，可用下式表示：

$$\begin{aligned}
F_p &= \int_0^\pi \left[p_0 + \frac{d_p}{2}(1 - \cos\theta)\frac{\partial p}{\partial y}\right] \times 2\pi\left(\frac{d_p}{2}\right)^2 \sin\theta\cos\theta\mathrm{d}\theta \\
&= 2\pi\left(\frac{d_p}{2}\right)^2\left(p_0 + \frac{d_p}{2}\frac{\partial p}{\partial y}\right)\int_0^\pi \sin\theta\cos\theta\mathrm{d}\theta - 2\pi\left(\frac{d_p}{2}\right)^3\frac{\partial p}{\partial y}\int_0^\pi \sin\theta\,\cos^2\theta\mathrm{d}\theta \\
&= -\frac{1}{6}\pi d_p^3\frac{\partial p}{\partial y}
\end{aligned} \tag{6-207}$$

式中，F_p——硫颗粒所受到的压差力（N）；

$$\frac{\partial p}{\partial y}$$——井筒中压力梯度（MPa/m）。

3）表面力

流体作用于硫颗粒表面的力，与气流以及固体颗粒的相对运动有关，此处只考虑气流的曳力。当硫颗粒在井筒中运动，由于颗粒与气流之间存在相对运动，故颗粒还会受到气流的曳力 F_R，可用式(6-208)表示：

$$F_R = \frac{1}{8}\pi d_p^2 \rho_g C_D |V_g - V_p|(V_g - V_p) \tag{6-208}$$

式中，F_R——硫颗粒所受到的曳力（N）；

C_D——曳力系数，无因次；

V_g——气流速度（m/s）。

4）视质量力

当球形颗粒在静止、不可压缩、无限大、无黏性流体中作匀速运动时，颗粒所受的阻力为零。但当颗粒在无黏流体中作加速运动时，它要引起周围流体作加速运动，这不是由于流体黏性作用的带动，而是由于颗粒推动流体运动，由于流体有惯性，表现为对颗粒有一个反作用力。图 6-41 示出了由颗粒加速运动引起的附加压强分布的不对称性，颗粒欲在静止的无黏流体中作加速运动，必须克服视质量力 F_m。

$$F_m = \frac{\pi}{12}d_p^3 \rho_g \frac{\mathrm{d}}{\mathrm{d}t}(v_g - v_p) \tag{6-209}$$

实验表明，实际的视质量力比理论值大，视质量力一般写成

$$F_m = k_m \frac{\pi}{12}d_p^3 \rho_g \frac{\mathrm{d}}{\mathrm{d}t}(v_g - v_p) \tag{6-210}$$

Odar 的实验指出，K_m 依赖于加速度的模数 A_c，其经验公式为

$$K_m = 1.05 - \frac{0.066}{A_c^2 + 0.12} \tag{6-211}$$

式中，A_c 取决于气动力与产生加速度的力之比，即

$$A_c = |v_g - v_p|^2 / \left[d_p \frac{\mathrm{d}}{\mathrm{d}t}(v_g - v_p) \right] \tag{6-212}$$

5）巴塞特（Basset）力

当颗粒在黏性流体中作直线变速运动时，颗粒附面层的影响将带着一部分流体运动。由于流体有惯性，当颗粒加速时，它不能立刻加速，当颗粒减速时，它不能立刻减速。这样，由于颗粒表面的附面层不稳定使颗粒受一个随时间变化的流体作用力，而且与颗粒加速历程有关。这个力是 Basset 首先提出的，称巴塞特力，方向与颗粒的加速度方向相反，记为 F_B。

$$F_B = K_B \frac{d_p^4}{4}\sqrt{\pi \mu_g \rho_g} \int_{t_0}^t \frac{1}{\sqrt{t-t'}}\left[\frac{\mathrm{d}}{\mathrm{d}t}(v_g - v_p)\right]\mathrm{d}t \tag{6-213}$$

式中，K_B——巴塞特力经验系数；

t_0——颗粒开始加速的起始时刻。

6）萨夫曼（Saffman）升力

当固体颗粒在有速度梯度的流场中运动时，由于颗粒两侧的流速不一样，会产生一由低速指向高速方向的升力，称为萨夫曼升力。最常见的是边界层，在边界层的高切向应力区，萨夫曼升力是必须要考虑的。在以气体和固体颗粒相对速度计算的雷诺数 $Re<1$ 的情况下，萨夫曼升力的计算式为

$$F_{SL} = 1.61d_p^2 \sqrt{\mu_g \rho_g}(v_g - v_p) \tag{6-214}$$

需要指出的是，在高雷诺数区目前为止还没有合适的计算萨夫曼升力的计算公式。

7）马格努斯（Magnus）力

当固体颗粒在流场中自身旋转时，会产生一个与流畅的流动方向垂直的由逆流侧指向顺流侧方向的力，称为马格努斯力，它一般可达颗粒重力的好几倍。如果井筒气体流速较大，它会促使颗粒向管中心运动，从而减少与管壁碰撞的机会。如果颗粒的旋转角速度为 ω，那么使颗粒向平衡的中心带移动的马格努斯力大小为

$$F_{ML} = \frac{\pi}{8}d_p^3 \rho_g \omega(v_g - v_p) \tag{6-215}$$

式中，ω——颗粒旋转的角速度（rad/s）。

总的来说，以上作用在颗粒上的这些力可以分为三类：

（1）与流体颗粒相对运动无关的力，如重力、浮力、压力梯度力等；

（2）依赖于流体-颗粒间相对运动，方向沿着相对运动方向的力，如视质量力、Basset 力、阻力等；

（3）依赖于流体-颗粒间相对运动，方向垂直于相对运动方向的力，如 Magnus 力、Saffman 力等。

除上述这些作用力外，还可能有如温度梯度引起的力，颗粒与颗粒、颗粒与管壁的碰撞力等等，但这些作用力很难计算。通常情况下，析出的硫颗粒在井筒中的流动属于稀疏固体流动，气体的密度通常远小于颗粒的密度，与颗粒本身惯性相比，视质量力、Basset 力、Magnus 力、Saffman 力均很小，可以忽略不计，只考虑重力、浮力、曳力和压差力。通过上面的分析，根据牛顿第二定律可得硫颗粒在井筒中的受力运动方程为

$$m_p \frac{dv_p}{dt} = F_p + F_f + F_R - F_g \tag{6-216}$$

从上式可以看出，硫颗粒的运动是受多种力共同作用的结果，而究竟受哪些力作用要根据具体情况而定。

2. 固体颗粒沉积模型

从机理的角度讲，力学因素，即气流中微粒的受力才是最终决定其处于何种状态的最本质的原因，只有满足微粒所受向上的力大于向下的力时，才可能促使其向上运动。

硫颗粒在井筒气流中受力分析可知，当硫颗粒所受到的浮力、曳力和压差力等大于其重力时，硫颗粒将在井筒中向上作加速运动，当硫颗粒速度达到一定大小之后，向上和向下的力使其达到新平衡；反之颗粒则向下作加速运动，以达到新的力平衡，最终硫颗粒将在井筒中作匀速运动。

考虑问题的普遍性，流体中的颗粒运动简化如图 6-43 所示，并且固体硫颗粒为球形，并以气流流动方向为正方向。

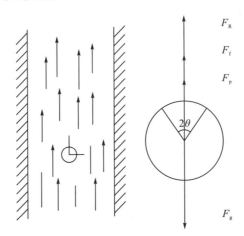

图 6-43　井筒中硫颗粒运动受力简化示意图

硫颗粒将在井筒中作匀速运动，其合力为

$$F = F_p + F_f + F_R - F_g \tag{6-217}$$

极慢层流（$R_{ep} < 0.4$，$\theta = 0$）：

$$F = -\frac{1}{6}\pi d_p^3 \frac{\partial p}{\partial y} + \frac{1}{6}\pi d_p^3 (\rho_g g - \rho_p g) + 3\pi \mu d_p V_\infty \tag{6-218}$$

过渡阶段（$R_{ep} = \rho d_p \dfrac{V_\infty}{\mu}$，$\theta = \dfrac{\ln 2.5 R_{ep}}{\ln 2500} \cdot \dfrac{\pi}{2}$）：

$$F = -\frac{1}{6}\pi d_p^3 \frac{\partial p}{\partial y} + \frac{1}{6}\pi d_p^3 (\rho_g g - \rho_p g) + p_\infty \pi r_p^2 \sin^2\theta$$
$$+ \pi \mu V_\infty r_p (1 + \cos^3\theta) + \pi \mu V_\infty r_p (2 + 3\cos\theta - \cos^3\theta) \tag{6-219}$$

完全发展紊流情况（$R_{ep} > 10^3$，$\theta = \dfrac{\pi}{2}$）：

$$F = -\frac{1}{6}\pi d_p^3 \frac{\partial p}{\partial y} + \frac{1}{6}\pi d_p^3 (\rho_g g - \rho_p g) + C_D \frac{\pi d_p^2}{4} \cdot \frac{\rho_g V_\infty^2}{2} \tag{6-220}$$

式中，V_∞——无穷远处来流速度（m/s）。

气井在生产过程中，气体在井筒中的流动通常处于紊流状态，当 $F = 0$，即硫颗粒正好处于受力平衡状态，这样就可以得到硫颗粒被携带所需的临界流速的计算公式：

$$V_{cf} = \sqrt{\frac{4\left[g(\rho_p - \rho_g) - \dfrac{\partial p}{\partial y}\right]d_p}{3\rho_g C_D}} \tag{6-221}$$

则硫颗粒被携带所需的临界流量为

$$q_{cf} = 2.5 \times 10^4 \frac{ApV_{cf}}{ZT} \tag{6-222}$$

式中，d_p——颗粒的近似平均直径(μm)。

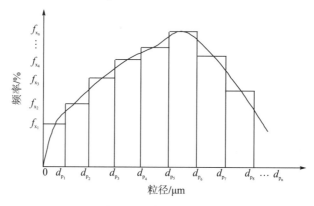

图 6-44 颗粒粒径分布

　　为了确定从气体中析出固相硫晶体颗粒平均粒径大小，可以利用概率论和数理统计的方法得到。硫晶体粒径分布结果如图 6-44 所示，横坐标为硫晶体颗粒直径 d_p(μm)，纵坐标为频率($\%$)，图中水平短线代表测定的各粒径范围内颗粒群所占的份额。可以认为，水平短线中点的连线便是硫颗粒粒径分布的近似曲线。粒径范围取得越小，即水平短线越短(甚至可以无限趋于零)，它们的中点连线越接近颗粒的真实粒径分布曲线。

　　在确定了硫颗粒粒径分布曲线函数 $f(d_p)$ 后，则可以通过下式求得所需的平均粒径大小：

$$\overline{d_p} = \frac{\int d_p f(d_p) \mathrm{d}(d_p)}{\int f(d_p) \mathrm{d}(d_p)} \tag{6-223}$$

式中，A——油管内截面积(m²)。

　　当气流速度大于或等于该临界流速 V_{cf} 时，井筒中的硫颗粒将被天然气气流携带出井筒，将向地面的集输管线中运移。当气流的速度小于该临界流速 V_{cf} 时，在井筒中单质硫析出的位置就会发生单质硫沉积的现象。

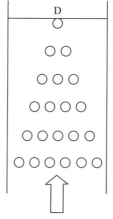

图 6-45 悬浮分级模型示意图

实际情况下，从井底到井口是一个压力和温度均降低的过程，随着外界条件的不断改变，从天然气中析出的硫不断增多，它们并不完全以单颗粒球体的形式运移，更多的是以不规则颗粒及颗粒群一起运移，如图 6-45 所示，这就要求对不规则颗粒及颗粒群进行研究。

1）不规则颗粒被携带出的条件讨论

这里参考前面的讨论方法，采取对不规则颗粒的当量球体颗粒进行研究。

当颗粒质量、密度已知时，将其换算成同体积的球体，该球体直径就是所求的不规则颗粒的当量直径：

$$d_p^* = 1.24 \left(\frac{M}{\rho_p}\right)^{1/3} \tag{6-224}$$

假定不规则形颗粒和其相应的当量球体都处于悬浮状态，对于不规则颗粒：

$$V_{cf} = V_p + \frac{2d_p^* (\rho_p - \rho_f)}{1.5 d_p^* \rho_f \omega + 6.15 C (\mu \rho_g)^{0.5}} \tag{6-225}$$

式中，d_p^*——不规则颗粒的当量直径；

V_p——当量直径下的速度。

其他符号意义同前。

2）颗粒群悬浮条件讨论

在井筒中，由于硫的颗粒的尺寸并不均匀，导致其受力也大小也不相同，这就造成悬浮分级，引起运动方向有效截面积沿气流方向逐渐变大。所以，同样要考虑在井筒中混合流体中以一定的气固比以及颗粒群的悬浮分级。

受井筒管柱壁面影响的颗粒悬浮速度公式为

$$V_{cf}^* = V_{cf}\left[1 - (d_p/D)^2\right] \tag{6-226}$$

式中，D——油管直径（m）。

同样，当气流速度大于等于该临界流速 V_{cf} 时，井筒中的硫颗粒群将被天然气气流冲出井筒而向地面的集输管线中运移。

6.4.3 井筒硫沉积量和位置确定

高含硫气体在井筒中会出现不同流态的转变，其原因就是元素硫微粒以固体颗粒或液滴形式从气体中析出。因此，要确定不同流态在井筒中对应的具体井段，必须首先确定元素硫在井筒中开始析出的位置。元素硫在气体中的溶解和析出规律是受井筒压力温度变化决定的。在它从气体中析出后井筒中流体就会由原先的流态转变为另一流态，这反过来又会使得井筒压力温度重新分布。因此元素硫溶解和析出与井筒的压力温度分布是相互影响的。要想预测元素硫在井筒中析出位置和析出量，必须将井筒压力温度分布预测和元素硫溶解度预测进行耦合。如果析出的元素硫不能被气体携带走，那么就认为它会在井筒析出位置悬浮滞留形成沉积，最终不断减小气体流通面积直至完全堵塞井筒。因此，通过上面分析可以得到高含硫气体井筒硫沉积预测模型主要包括两个部分：一是耦合井筒压力温度分布模型和硫溶解度模型来预测元素硫在井筒中析出位置和析出量；二是通过元素硫颗粒临界悬浮流速计算模型确定元素硫在井筒析出位置能否沉积。

1. 井筒硫沉积量计算

由井筒压力温度分布模型可以知道，井筒某一点位置对应一个确定的压力温度，而确定了的压力温度又可以用来计算得到在这点的溶解度。因此，设在井筒 Δz 段对应的临界硫溶解度变化为 ΔC_s，则

$$\Delta C_s = C_{s2} - C_{s1} = f(z_2 - z_1) = f((p_2, T_2), (p_1, T_1)) \quad (6\text{-}227)$$

$$\Delta C_s = f(\Delta z) = f(\Delta(pT)) \quad (6\text{-}228)$$

ΔC_s 即为在 Δz 范围内析出的硫量，当析出位置处的气体流速不能携带元素硫向井口地面运动时，则认为析出的元素硫全部在井筒析出位置处沉积。此时井筒硫沉积量应等于析出量，即

$$V_{dep} = V_{sep} = \Delta C_s \quad (6\text{-}229)$$

式中，V_{dep}——元素硫沉积量(g/m^3)；

V_{sep}——元素硫析出量(g/m^3)。

2. 井筒硫沉积位置确定

前面的气-气液-气固的耦合压力温度分布模型不仅计算了井筒中的压力温度的分布，还可以得到液相、固相的出现位置，即硫析出的位置。再在硫析出的基础上再进行硫沉积的位置进行判断和计算。

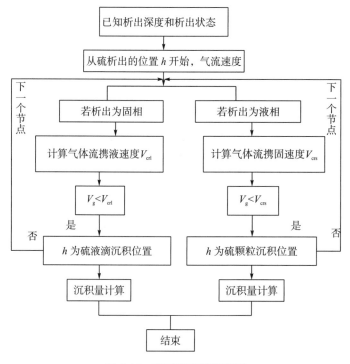

图 6-46　硫沉积计算程序图

1）井筒硫析出位置预测模型

（1）基本假设条件。在建立元素硫井筒析出位置预测模型前作如下假设：①气井不产水；②井底条件下，高含硫气体初始含硫量未达到该环境下气体临界饱和度值，即刚流入井底的气体中无硫析出；③若井筒不发生硫析出，则全井筒为单相气态流动；④若井筒发生硫析出，则认为析出的元素硫是以液滴或者固体颗粒形式存在，即井筒由初始的单相气态流动转变为气液流或气固两相流动；⑤析出单质硫在井筒运移过程中呈均匀分布，不考虑单质硫浓度随井深的变化。

如果已知井底 z_0 处压力为 p_0，温度为 T_{f0}，气体初始含硫溶解度为 C_{s0}。将 p_0，T_{f0} 代入溶解度模型便可以计算得到该压力温度下气体所能溶解硫的临界饱和溶解度 C_{sr}。因为 $C_{s0} < C_{sr}$，即在井底时不会有单质硫从气体中析出。将 C_{s0} 作为临界溶解硫饱和度 C_{s0}^* 再回代入溶解度模型，可求出当达到气体溶硫临界饱和度 C_{s0}^* 时对应的压力和温度 p^*，T_f^*，即若压力、温度继续下降至低于 p^*，T_f^* 时，便会有单质硫从气体中析出。再将压力、温度 p^*，T_f^* 代入井筒压力温度分布模型可得到对应的井深位置 z^*，z^* 点即为所求的硫在井筒开始析出的位置，也是井筒从单相气体流动开始转变成气液或者气固两相流动的界面位置，如图 6-47 所示。

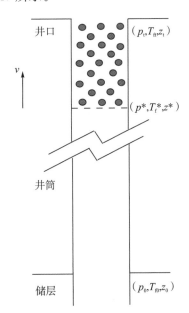

图 6-47　井筒硫析出位置示意图

（2）井筒硫析出位置预测模型。关于硫在井筒中开始析出的位置预测，主要是通过耦合井筒压力温度分布模型和硫溶解度预测模型来实现，而这两个模型在前面已经讨论，具体如下所述。

气井稳定生产时井筒压力分布模型为

$$\frac{\mathrm{d}p}{\mathrm{d}z} = \rho g + f \frac{\rho v^2}{2D} \tag{6-230}$$

式中，p——压力（MPa）；

　　　　z——深度（m）；

　　　　D——油管内径（m）；

　　　　f——摩阻系数，无因次；

　　　　v——气体流速（m/s）；

　　　　ρ——气体密度（kg/m^3）。

（3）气井稳定生产时井筒温度分布模型：

$$T_{\text{fout}} = T_{\text{eout}} + g_T \sin\theta/A + \exp[A(z_{\text{in}} - z_{\text{out}})] \times (T_{\text{flin}} - T_{\text{ein}} - g_T \sin\theta/A)$$

$$(6\text{-}231)$$

式中：T_{fout}——出口处流体温度（K）；

　　　　T_{eout}——出口处地层温度（K）；

　　　　T_{flin}——入口处流体温度（K）；

　　　　T_{ein}——入口处地层温度（K）；

　　　　z_{in}——入口处深度（m）；

　　　　z_{out}——出口处深度（m）；

　　　　g_T——地温梯度（℃/100m）；

　　　　θ——井斜角（°）；

　　　　A——中间变量（m^{-1}）。

2）井筒硫沉积判定

当元素硫从气体中析出时，它是以晶体形式出现的，而压力温度下降快慢直接影响硫颗粒的结晶程度，这就可能造成硫析出晶体粒径的大小不一。由前面的分析知道，硫粒径会直接影响临界悬浮流速的计算。对于析出的大小不一的硫晶体颗粒来说，在析出位置就可能存在某一气体流速下，小粒径硫晶体颗粒能被气体携带走，而大粒径的则由于重力支配作用向井底方向沉降，剩下的则会悬浮在析出位置，如图 6-48 所示。

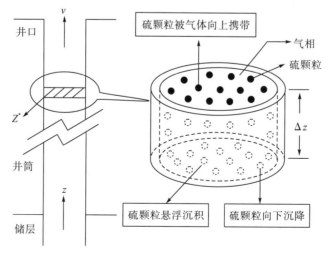

图 6-48　井筒硫颗粒沉积示意图

（1）基本假设。为了便于对析出的液态硫或者硫晶体颗粒能否沉积问题的分析，下面假设：

①若析出的硫为液态，则液滴为椭圆形；

②析出的硫晶体颗粒为近似球形固体颗粒，对于析出的大小不一硫晶体颗粒可以借助统计学概念用一个近似的平均粒径来代替；

③不考虑硫晶体颗粒析出后颗粒间碰撞、团聚效应的影响；

④考虑井筒流动空间对颗粒临界悬浮流速的存在影响；

⑤若析出位置的硫液滴或硫颗粒不能被气体携带，则认为在井筒沉积，反之认为不沉积；

⑥若井筒发生元素硫颗粒沉积，沉积位置即为硫颗粒从气体中析出位置。

（2）井筒硫沉积判定计算。设在井筒硫析出位置 z^* 处的流体密度为 ρf^*，流速为 v^*，析出的硫晶体颗粒平均直径为 d_p，考虑井筒影响，求得硫晶体颗粒临界悬浮流速 v_gcr。

当 $v^* > v_\text{gcr}$，硫颗粒在井筒 z^* 处被气体携带，不产生沉积；

当 $v^* \leqslant v_\text{gcr}$，硫颗粒在井筒 z^* 处不能被气体携带而在析出位置沉积。

6.5　实例分析

1. 国外某高含硫气井井筒硫沉积预测

以位于加拿大 Devonian Wabamun 地层一口高含硫气井为例。已知该井油管内径为 0.0794m，以产量 $1.62 \times 10^4 \text{m}^3/\text{d}$ 生产，井底压力 41.23MPa，井底温度为 122.2℃。在井底条件下测得的气体中初始含硫量为 137.38g/m³，在生产过程中发现在位于井筒 3468.2m 处开始有元素硫沉积。下面利用本书建立的模型来对元素硫在井筒析出及沉积位置进行预测，以验证模型的可靠性。

流体的临界温度计算得 257.337K，临界压力为 5.878868MPa。

计算得到的压力分布和温度分布如图 6-49、图 6-50 所示。

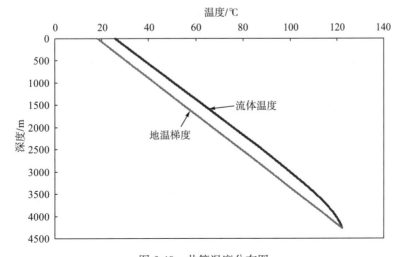

图 6-49　井筒温度分布图

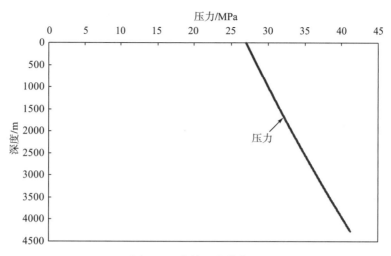

图 6-50　井筒压力分布图

　　井底的温度和压力下，流体溶解硫的能力是最大的，此时流体溶解硫的能力为 229.307g/m^3，溶硫能力要大于初始含硫浓度 $C_{s0}=137.38/\text{m}^3$，所以从井底开始，流体以单相气体的形式流动。随着温度压力的降低，流体溶解硫的能力下降，在井筒深度 $z=3430\text{m}$ 处，流体溶解硫的临界溶解度 $C_s=137.38\text{g/m}^3$，$C_s=C_{s0}$，当溶解度 C_s 再继续下降时，硫开始析出来。$z^*=3430\text{m}$ 为硫的临界析出位置。这一点处的温度为 $109℃$，所以随后析出的单质硫为固态硫颗粒。

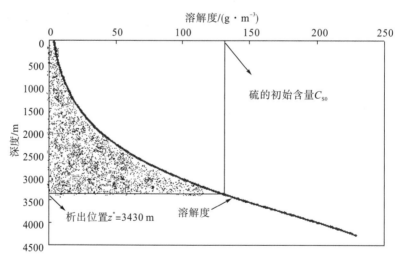

图 6-51　井筒硫析出分析图

　　在硫颗粒析出后，判断析出的硫能否沉积，则需要比较硫析出段的气体流速 v_g 和气体携硫的临界悬浮速度 v_{cr}。利用前面求硫析出晶体平均粒径的方法，由统计学得到硫晶体粒径主要为 $70\sim80\mu\text{m}$，取平均值 $\overline{d_p}=75\mu\text{m}$，得到图 6-52 中的临界悬浮流速沿井筒分布。由图可以看出，在硫析出位置 $z^*=3430\text{m}$ 处，气体流速 $v_g=0.11979\text{m/s}$，临界悬浮流速 $v_{cr}=0.11982\text{m/s}$，因此 $v_g<v_{cr}$，认为硫颗粒不能被气体携带而沉积在析出位置处。

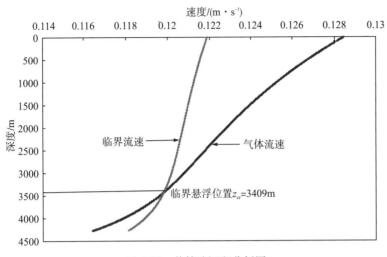

图 6-52　井筒硫沉积分析图

图 6-52 中 z_{cr} 对应的井筒位置表示在该临界位置处，气体流速和临界悬浮流速相等。当 $z > z_{cr}$ 时，即从井底到 z_{cr} 位置区域，只要有硫析出便不能被气体携带而沉积；当 $z < z_{cr}$ 时，即从 z_{cr} 位置到井口范围内即使有硫析出也能被气体携带走，不会形成沉积。计算得到的 $z_{cr} = 3409$m，$v_g = v_{cr} = 0.11984$m/s。所以得到该井在（3409~3430m）井筒段形成硫沉积，与实际测量的硫沉积位置 3468.2m 相差 38.2m，基本能满足工程应用的精度要求（图 6-53）。

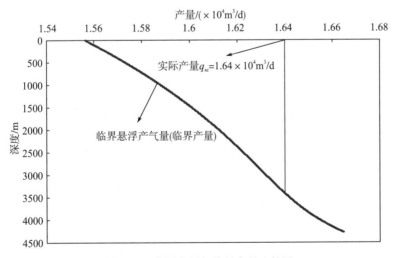

图 6-53　实际产量与临界产量比较图

$z_{cr} = 3409$m 处，硫的临界溶解度为 135.29g/m³。

计算井筒中硫沉积量为

$$V_{dep} = V_{sep} = \Delta C_s = 137.38 - 135.29 = 2.09 \text{g/m}^3$$

伴随生产时间的进行，在井筒中沉积位置处不断有硫晶体颗粒的积聚，最终将逐渐降低井筒的流通面积，直至堵塞整个井筒。

2.产量对硫沉积的影响

当气井以 $1.64×10^4 m^3/d$ 生产时，在井筒深度 3403m 时有单质硫以固态颗粒的形式从井筒中析出，在井筒深度(3409~3430m)处沉积。现在分析产量对井筒硫析出、沉积的影响。其余参数都相同，给定五个不同的产量 $1.2×10^4 m^3/d$、$1.64×10^4 m^3/d$、$4.0×10^4 m^3/d$、$10×10^4 m^3/d$、$20×10^4 m^3/d$(图 6-54，图 6-55)。

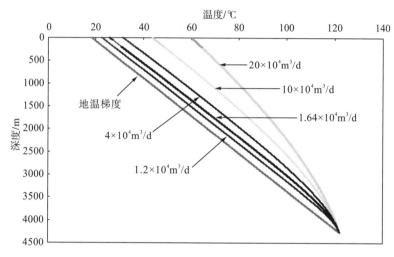

图 6-54　不同产量下井筒温度分布比较图

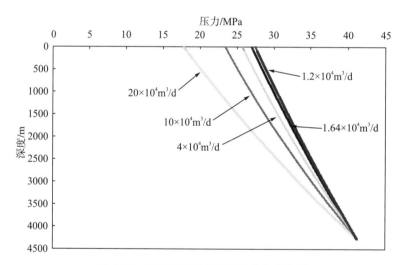

图 6-55　不同产量下井筒压力分布比较图

五个不同的产量 $1.2×10^4 m^3/d$、$1.64×10^4 m^3/d$、$4.0×10^4 m^3/d$、$10×10^4 m^3/d$、$20×10^4 m^3/d$ 下，假设硫在井筒中析出的深度分别为 $z1^*$、$z2^*$、$z3^*$、$z4^*$、$z5^*$。

在井底温度条件下，流体溶解硫的能力是大于硫的初始浓度的，所以气体从井底流出的时候是单相的，流体溶解硫的溶解度逐渐减小，便有硫开始析出。

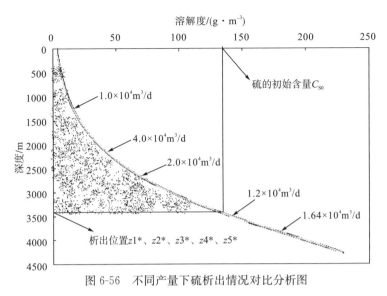

图 6-56　不同产量下硫析出情况对比分析图

如图 6-56 所示，不同产量下硫的溶解度在井筒中的分布情况可以看到，当产量不同时，五个不同的产量下，硫的溶解度分布都没有产生很大的差异。即在五个不同的产量下，硫析出的井筒深度 $z1^* \approx z2^* \approx z3^* \approx z4^* \approx z5^*$。理论上来讲，当产量越大的时候，井筒中的压力降落梯度是越大的，硫的溶解度会下降得越快，所以产量最大的时候，井筒中应该最先出现硫析出的情况，即 $z1^* < z2^* < z3^* < z4^* < z5^*$。产生这种结果的原因是，硫的溶解度受温度和压力共同影响，产量越大时，井筒中压力降落得越快，但是井筒中温度下降的幅度减弱了，因为气体在井筒中流动速度越快，流体和周围传热的量就越少了，所以整体上，不同产量下气体溶解硫的能力差别很小。

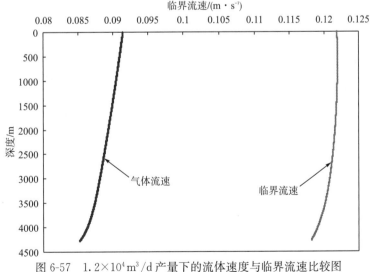

图 6-57　$1.2 \times 10^4 \mathrm{m}^3/\mathrm{d}$ 产量下的流体速度与临界流速比较图

从上面的流体速度与携带硫颗粒的临界速度比较可以得到（图 6-57），当以产量 $1.2 \times 10^4 \mathrm{m}^3/\mathrm{d}$ 生产时，仍然是在井筒 3430m 处硫开始析出，析出的硫以固体硫颗粒的形式存在，此处的气流速度为 0.0875m/s，携硫的临界速度为 0.12032m/s。所以从硫析出开始就在井筒中沉积，且井筒从下到上沉积量逐渐增大。随着生产的进行，析出的硫就会完全堵塞井筒。

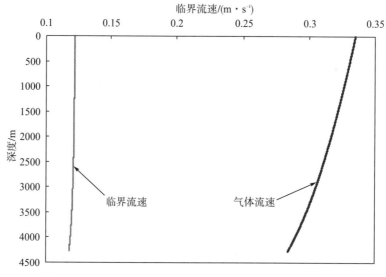

图 6-58　$4.0 \times 10^4 \mathrm{m}^3/\mathrm{d}$ 产量下的流体速度与临界流速比较图

以产量 $4.0 \times 10^4 \mathrm{m}^3/\mathrm{d}$ 生产时，仍然是在 3430m 处单质硫开始析出，析出处的温度为 111.57℃，所以析出的硫单质是以小液滴的形式伴随在气体流体中，此处的气流速度为 0.299039m/s，携硫速度为 0.12029m/s。由图 6-58 可以看到，在整个井筒中，气体的流速都大于携硫的临界速度，析出的硫都伴随着气流流出井筒，井筒中不会发生硫沉积的现象。

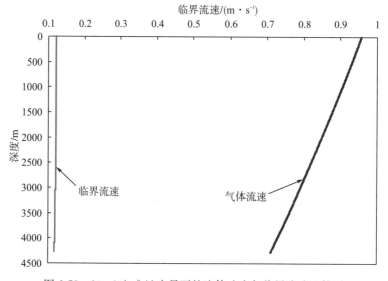

图 6-59　$10 \times 10^4 \mathrm{m}^3/\mathrm{d}$ 产量下的流体速度与临界流速比较图

以产量 $10 \times 10^4 \mathrm{m}^3/\mathrm{d}$ 生产时，仍然是在 3430m 处单质硫开始析出，析出处的温度为 113.81℃，所以析出的硫单质是以小液滴的形式伴随在气体流体中，此处的气流速度为 0.763926m/s，携硫速度为 0.120279m/s。由图 6-59 可以看到，在整个井筒中，气体的流速都大于携硫的临界速度，析出的硫都伴随着气流流出井筒，井筒中不会发生硫沉积的现象。

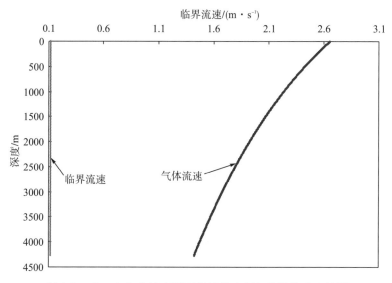

图 6-60　$20×10^4 m^3/d$ 产量下的流体速度与临界流速比较图

以产量 $20×10^4 m^3/d$ 生产时，仍然是在 3430m 处单质硫开始析出，析出处的温度为 115.33℃，所以析出的硫单质是以小液滴的形式伴随在气体流体中，此处的气流速度为 1.584669m/s，携硫速度为 0.120267/s。由图 6-60 可以看到，在整个井筒中，气体的流速都大于携硫的临界速度，析出的硫都伴随着气流流出井筒，井筒中不会发生硫沉积的现象。

3. 初始含硫饱和度对硫沉积的影响

产量对硫析出的位置影响不大，但是硫的初始浓度对硫的析出有非常直接、关键的影响。

下面以 $C_{S0}=137.38g/m^3$、$C_{S1}=130g/m^3$、$C_{S2}=145g/m^3$ 为不同的初始含硫浓度，对应硫析出的位置分别为 z_1^*、z_2^*、z_3^*。

气井仍然以 $1.64×10^4 m^3/d$ 生产，其他的参数与上述均一样。

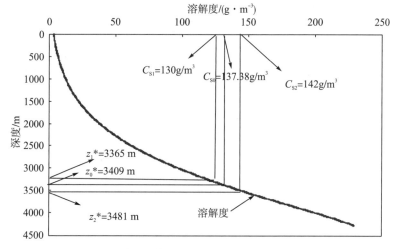

图 6-61　不同的初始含硫浓度的硫析出情况对比分析图

由图 6-61 可以得到，当初始含硫浓度越小的时候，在井筒深度越小的地方出现硫析出的情况。当硫的初始浓度为 130g/m³ 时，硫在井筒深度 3365m 处析出；当硫的初始浓度为 137.38g/m³ 时，硫在井筒深度 3430m 处时析出；当硫的初始浓度为 145g/m³ 时，硫在井筒深度 3520m 处析出。所以初始含硫浓度越大，硫越容易析出。

当硫的初始浓度为 130g/m³ 时，析出的硫能否沉积，还要比较析出处的气流速度与临界携硫速度。由图 6-62 可以看到，硫析出的位置在临界悬浮位置之上，此处的气体流速大于临界携硫速度，所以析出的硫随着气体流出井筒，不会在井筒中沉积。

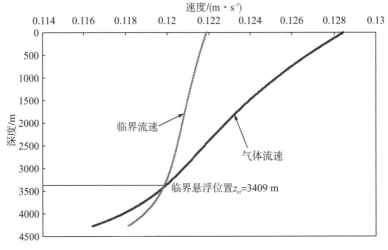

图 6-62　硫初始浓度为 130g/m³ 时硫沉积判断图

当硫的初始浓度为 145g/m³ 时，硫析出的井筒深度为 3520m，析出的位置在临界悬浮位置以下，析出点的气体流速小于临界携硫速度，所以硫不能伴随着气体流出井筒，因此在析出位置处发生硫沉积现象，直到井筒深度 3409m 处，析出的硫才能被携带出井筒，所以发生硫沉积的井段为（3409~3520m），如图 6-63 所示。

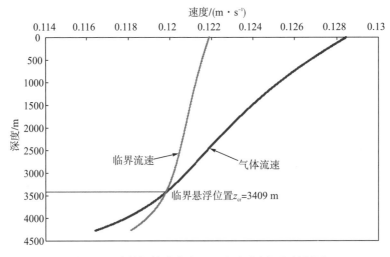

图 6-63　硫的初始浓度为 145g/m³ 时硫沉积判断图

　　所以，当硫的初始含硫浓度越大时，越靠近井底发生析出现象，如果在一个初始含硫浓度的情况下发生了硫的沉积现象的话，那么初始含硫饱和度增大则也一定会发生沉积现象，且沉积段越大、越靠近井筒底部。所以初始含硫浓度的准确性对硫沉积的判断、硫沉积的析出位置预测及沉积量预测是非常关键的。

参 考 文 献

[1] 毛伟，梁政. 计算气井井筒温度分布的新方法[J]. 西南石油学院学报，1999，21(1)：56—58.

[2] 曾平，等. 含硫天然气的相态及渗透[J]. 石油勘探与开发，2004，10.

[3] 郭肖. 高含硫气井井筒硫沉积预测与防治[M]. 武汉：中国地质大学出版社.

索　引